Aus dem Meteorologischen Institut der Universität Hamburg
(Direktor: Prof. Dr. K. Brocks)

Hamburger Geophysikalische Einzelschriften
Herausgegeben von den Geophysikalischen Instituten
(Fachgebiete: Meteorologie, Ozeanographie, Physik des Erdkörpers)
der Universität Hamburg

Heft 11

Zur Bestimmung der vertikalen Transporte von Impuls und fühlbarer Wärme in der wassernahen Luftschicht über See

On the determination of the vertikal transports of momentum and heat in the atmospheric boundary layer at sea

von

L. Hasse

Hamburg 1968
Cram, de Gruyter u. Co

Preis: DM 12,—

Zusammengestellt für das 2. Seminar der Arbeitsgruppe SPAAZ
(Simulations-Projekt Allgemeine Atmosphärische Zirkulation)
in Berlin, 17.-19. Juni 1968

Angenommen von der Mathematisch-Naturwissenschaftlichen
Fakultät der Universität Hamburg als Habilitationsschrift.

INHALTSVERZEICHNIS

CONTENTS

Summary

The paper is divided in four parts. The first contains some short remarks on the role of momentum and heat transfer for the atmospheric circulations and the influence of the different nature of the underlying surface. For a definition of the terms used, the structure of the maritime friction layer is discussed. The vertical transports within this layer are described by an electric analogue model.

The second part contains a review of the well known methods available for determination of stress and heat flow at sea.

The third part deals with direct measurements of the eddy fluxes of momentum and heat, as obtained by hot wire anemometers at a buoy with servostabilized mast and at a tripod over water of 14 m depth in the Baltic Sea. The data are given in Tab. 3. Spectra of the vertical wind component and cospectra between the horizontal and vertical component are shown in Fig. 1 and 2 for different stabilities. The spectra show that equating w to zero in the mean over a run of say 4o minutes is not influencing the determinations of the eddy fluxes. The measured momentum fluxes may be summarized by a drag coefficient of $\varkappa_{lo} \times lo^3 = 1.2 \pm o.24$. This value agrees well with other observations (see Fig. 3), while disagreement with results of Zubkovskii and Kravchenko may be attributed to their use of a buoy without stabilisation (Fig. 4). An increase of the drag coefficient with wind speed cannot be secured from the direct observations as they are not equally distributed over different stabilities. There is a tendency to smaller drag coefficients under stable and greater under unstable conditions (Fig. 5).

The vertical heat flux shows a remarkably good correlation with $\bar{u}_{lo}\ \Delta\Theta$, where $\bar{u}_{lo}$ is mean wind speed at lo m, $\Delta\Theta$ is potential temperature between air and sea. The observations of heat fluxes may be summarized by a heat transport coefficient $c_H = 1 \times lo^{-3}$ and a standard deviation of 5 mcal cm^{-2} min^{-1}.

Additionally, the variation with height of the "Austausch-coefficient" is inspected by aid of the "Scilly" and "Helgoland" pilotballoon-profiles. The profiles of the Austauschcoefficients under similar conditions of stability in the surface layer are in better agreement when they are normalized by division with wind speed (Fig. 7). The anisobaric mass flow, integrated over the friction layer, is well correlated with the surface shear stress (see eq. 22 and 23 and Tab. 4).

In the fourth part parametrisation of the vertical fluxes of momentum and heat at sea for numerical models of the atmosphere is discussed. From the before mentioned results it seems unlikely that a "K-type"-parametrisation will be successful without further detailed investigations. With more confidence the vertical fluxes may be calculated from bulk aerodynamic formulas with an accuracy of about $\pm$ 20% and $\pm$ 5 mcal cm^{-2} min^{-1}, respectively, using the coefficients given above.

<u>Captions of tables and figures</u>

Zusammenfassung

Die Arbeit gliedert sich in 4 Teile. Der erste Teil enthält einige kurze Bemerkungen über die Bedeutung der vertikalen Flüsse von Impuls und Wärme auf See für die atmosphärische Zirkulation und über den Einfluß der unterschiedlichen Untergrundbeschaffenheit. Zur Erläuterung der Nomenklatur wird der Aufbau der atmosphärischen Reibungsschicht dargestellt und die vertikalen Flüsse darin an Hand eines elektrischen Modells diskutiert.

Der zweite Teil gibt einen Überblick über die gebräuchlichen Methoden zur Bestimmung der vertikalen Transporte in der maritimen Reibungsschicht.

Im dritten Teil werden direkte Messungen der turbulenten Flüsse von Impuls und Wärme besprochen, die auf einer Boje mit neigungsstabilisiertem Mast oder einem feststehenden Gerüst über 14 m tiefem Wasser auf der Ostsee gewonnen wurden. Die Ergebnisse können durch einen Reibungskoeffizienten $\varkappa_{10} \cdot 10^3 = 1,2 \pm 0,24$ und einen entsprechend definierten Wärmetransportkoeffizienten $c_H = 1 \cdot 10^{-3}$ wiedergegeben werden. Die Reibungskoeffizienten zeigen eine Tendenz zu kleineren Werten bei stabiler und größeren Werten bei labiler Dichteschichtung. Der Einfluß der Dichteschichtung wird auch in den Spektren sichtbar. Zusätzlich wird die Änderung der Austauschkoeffizienten und des anisobaren Massenflusses mit Hilfe der "Scilly"- und "Helgoland"-Pilotballon-Profile untersucht.

Im vierten Teil wird die Möglichkeit der Parametrisierung der vertikalen Transporte auf See diskutiert im Hinblick auf numerische Modelle der atmosphärischen Zirkulation. Auf Grund der im vorhergehenden Teil erhaltenen Resultate ist es unwahrscheinlich, daß eine Parametrisierung mit Hilfe von Austauschkoeffizienten ohne weitere gründliche Untersuchungen zum Erfolg führen wird. Für die vertikalen Flüsse von Impuls und Wärme erscheint die Bestimmung mit Hilfe der Aerodynamischen Parameter-Methoden sinnvoll, wobei die oben angegebenen Werte des Reibungs- und Wärmetransportkoeffizienten benutzt werden können mit einer Genauigkeit von 20% bzw. 5 mcal/cm^{2}min.

1. Einleitung

1.1. Zur Bedeutung der Wechselwirkung Ozean Atmosphäre

Für die allgemeine Zirkulation der Atmosphäre sind die Vorgänge an der unteren Grenze der Atmosphäre von besonderer Bedeutung und zwar insbesondere der Wärmeaustausch und die Reibung. Ein merklicher Teil der Sonnenstrahlung durchdringt die Atmosphäre und wird an der Erdoberfläche in fühlbare und latente Wärme umgesetzt. Die regionalen und jahreszeitlichen Änderungen der Wärmeabgabe werden noch durch die unterschiedliche Bodenbeschaffenheit und durch Speicherung und Wärmetransport im Meer modifiziert. Dadurch ist die Energiezufuhr in die Atmosphäre von ihrer unteren Begrenzung her räumlich und zeitlich stark variabel. Die Ausbildung der Zirkulation wird wesentlich durch einen weiteren Einfluß der unteren Grenzfläche der Atmosphäre mit bestimmt, durch die Reibung (Impulsaustausch).

Für die Betrachtung der allgemeinen Zirkulation sind die Verhältnisse auf den Weltmeeren nicht nur deshalb von Interesse, weil diese 71% der gesamten Erdoberfläche bedecken, sondern auch, weil die Meere, anschaulich ausgedrückt, die Erzeuger des Wetters sind und die Festländer die Verbraucher. Das wird durch die, verglichen mit dem Festland, geringe Rauhigkeit des Meeres und durch die Möglichkeit der intensiven Verdunstung auf dem Meere hervorgerufen.

Die Kenntnis der Wechselwirkung zwischen Ozean und Atmosphäre ist auch für die Vorausberechnung des Wetters erforderlich. Durch die Entwicklung der modernen digitalen Großrechenanlagen ist es möglich geworden, die Grundgleichungen der Meteorologie für vereinfachte Modelle der Atmosphäre zu lösen und das Wetter für kürzere Zeit vorauszuberechnen. Diese Vorausberechnung wird aber nur dann mit höherer Sicherheit für einen längeren Zeitraum geschehen können, wenn es gelingt, die Modelle zu verfeinern, um auch die Quellen und Senken der

Energie zuverlässig zu erfassen. Ferner gewinnt die Wechselwirkung Ozean - Atmosphäre als Randbedingung für die Verhältnisse im Meeresinneren wachsendes Interesse, da der Mensch in zunehmendem Maße die Meere in seinen Lebensraum mit einbezieht.

Die Kenntnis der meteorologischen Verhältnisse auf den Weltmeeren wird dadurch erschwert, daß sich die auf dem Festland gesammelten Erfahrungen nicht einfach übertragen lassen. Abgesehen davon, daß die Dichte des Stationsnetzes z. Zt. auf dem Meer wesentlich geringer ist und anders konstruierte Instrumente benutzt werden müssen, gibt es zwei wesentliche physikalische Unterschiede.

Der erste betrifft die Rauhigkeit. Während auf dem Festland die Rauhigkeit von festen Körpern herrührt, ist die Meeresoberfläche beweglich. Begriffe wie "aerodynamisch glatt" oder "rauh" verlieren bei einer beweglichen Granzfläche ihren Sinn, da sie aus Messungen der Strömung über festen Oberflächen abgeleitet wurden, so daß die Meeresoberfläche bei formaler Anwendung dieser Begriffe durchaus glatter als aerodynamisch glatt sein könnte. Während man auf dem Festland davon ausgehen kann, daß die Rauhigkeit eine von den Charakteristika der Strömung unabhängige Eigenschaft der Bodenoberfläche ist, bestimmt auf dem Meer die Wechselwirkung der turbulenten Bewegungen in Luft und Wasser das, was im Effekt als Rauhigkeit wahrnehmbar wird.

Der zweite wesentliche Unterschied liegt in der Speicherung der Wärme. Die bis an die Meeresoberfläche gelangte Sonnenstrahlung kann in Abhängigkeit von der Wellenlänge unterschiedlich tief in das Wasser eindringen, während sie auf dem Festland allein die allerobersten Schichten erwärmt und die Wärme von dort nur durch molekulare Wärmeleitung in tiefere Schichten gelangt. Auf dem Meer dagegen kann die Weiterleitung durch turbulente Wärmeleitung erfolgen, d. h. mit einem Mechanismus, der um einen Faktor 10^3 bis 10^4 leistungsfähiger ist. Dadurch wird die Wärme über größere Schichten verteilt und es treten nicht so starke Aufwärmungen auf. Umgekehrt kann bei Wärmeabgabe ein Nachschub an Energie aus tieferen Schichten erfolgen, so daß sich die Temperatur der Wasseroberfläche nicht wesentlich zu ändern braucht. Die Temperatur der oberflächennahen Wasserschicht kann daher für viele Probleme als eine zeitlich konstante Größe angesehen werden.

Da ein Teil der Sonnenenergie als kurzwellige Strahlung die Atmosphäre durchdringt, stellt die Erd- und Wasseroberfläche im Mittel eine Wärmequelle für die Atmosphäre dar. Durch die Speicherung wird die Wärmeabgabe des Wassers gleichförmiger als auf dem Festland; der auf dem Lande vorherrschende tageszeitliche Wechsel zwischen starker Labilität und Stabilität der Schichtung [siehe z.B. Brocks 1948] fehlt. Die Stabilität oder Labilität in der wassernahen Luftschicht wird vorwiegend durch Advektion bestimmt. Für die Parametrisierung der vertikalen Transporte auf See ist es ein erheblicher Vorteil, daß im Mittel Temperatur und Feuchte mit der Höhe abnehmen und labile Schichtung herrscht.

Ein weiterer Unterschied gegenüber der bodennahen Luftschicht auf dem Festland besteht darin, daß die Verhältnisse in der wassernahen Luftschicht in vielen Fällen als homogen angesehen werden können. Selbst für küstennahe Gebiete konnte noch eine bemerkenswerte Homogenität nachgewiesen werden [Fengler 1966]. Es wird daher in den unteren 10 bis 20 m starken atmosphärischen Schichten die horizontale Advektion in der Regel gegenüber den vertikalen Transporten von vornherein vernachlässigt.

Die vorliegende Arbeit beschäftigt sich mit der Bestimmung des Impuls- und Wärmeaustausches zwischen Meer und Atmosphäre aus Messungen in der wassernahen Luftschicht. Dem üblichen meteorologischen Sprachgebrauch folgend, wird das Produkt aus Luftdichte und Windvektor Impuls genannt und mit vertikalem Impulsstrom die Dichte des vertikalen Stromes horizontaler Impulse bezeichnet. Unter Wärme wird, soweit nicht anders angegeben, fühlbare Wärme verstanden. Der für das atmosphärische Geschehen noch wichtigere vertikale Transport latenter Wärme, der mit der Verdunstung auf dem Meer bewirkt wird, konnte noch nicht direkt gemessen werden. Jedoch bringt eine Verbesserung unserer Kenntnisse über den vertikalen Transport von Impuls und Wärme auch eine Verbesserung der Kenntnisse über den vertikalen Transport von Wasserdampf mit sich, weil hier gewisse Analogien bestehen.

Die Bestimmung der vertikalen Transporte durch direkte Messungen, wie sie den in Teil 3 mitgeteilten Ergebnissen zugrunde liegen, ist experimentell sehr aufwendig. Es ist deshalb für die Kenntnis der meteorologischen Verhältnisse auf den Weltmeeren dringend erforderlich [Brocks 1963 a], die vertikalen Transporte durch solche Größen indirekt zu bestimmen, die im Routinebetrieb in größerem Umfange ermittelt werden können. Man nennt dieses Vorhaben heute gern Parametrisierung. Es ergibt sich die Frage, ob bei der Komplexität der Vorgänge in der wassernahen Luftschicht eine Parametrisierung - d. h. die Ermittlung der vertikalen Transporte als Funktion einer begrenzten Anzahl einfacher zu bestimmender Größen - mit ausreichender Genauigkeit möglich ist und welche Größen als Parameter geeignet sind.

1.2. Aufbau der maritimen Reibungsschicht, Definition

Während in der freien Atmosphäre der Wind näherungsweise geostrophisch ist, also in den Bewegungsgleichungen das Druckgradient- und das Coriolisglied vorherrschend sind, gewinnt mit der Annäherung an den Erdboden das Reibungsglied zunehmend an Bedeutung. Dadurch wird eine Winddrehung mit der Höhe hervorgerufen. Die durch diese Winddrehung gekennzeichnete Schicht wird die atmosphärische oder auf See "maritime Reibungsschicht" genannt. Sie hat nach dieser Definition zur freien Atmosphäre hin keine scharfe Grenze. In den Beobachtungen wird der Übergang noch dadurch verdeckt, daß durch den thermischen Wind auch Drehungen des Windes mit der Höhe in den angrenzenden Schichten auftreten. Als Anhaltspunkt wird gewöhnlich eine Höhe von 500 - 1000 m angegeben; auf See erreicht die Schicht, in der merkliche ageostrophische Komponenten auftreten, etwas geringere Höhen als über Land. Diese Definition ist an dem vertikalen Windprofil orientiert, sie ist für die maritime Atmosphäre günstig, da auf dem Meer gewöhnlich in den unteren Schichten leicht labile oder nur schwach stabile Schichtung herrscht. Bei Auftreten starker Temperaturinversionen (z. B. im Passat) wäre eine andere Definition sinnvoll. Charakteristisch ist jedenfalls für die Reibungsschicht, daß in den unteren, einige hundert Meter hohen Schichten durch die Turbulenz vertikale Transporte verursacht werden.

Innerhalb der atmosphärischen Reibungsschicht, in der Nähe der Oberfläche, definiert man noch eine bodennahe, in unserem Falle "wassernahe Luftschicht", in der die vertikalen Flüsse mit der Höhe konstant sind ("constant stress layer"). Diese Konstanz wird üblicherweise aus der Überlegung gefolgert, daß eine merkliche Divergenz zu raschen Änderungen in der betroffenen Schicht führen würde. So wurde z.B. von Pasquill [1949] unter Voraussetzung vernachlässigbarer Advektion gezeigt, daß bei seinen Messungen (über Land) die Verdunstung groß war gegenüber der Speicherung. Für die Schubspannung ist zusätzlich zu zeigen, daß die durch die ageostrophischen Komponenten hervorgerufene Impulsstromdivergenz in einer hinreichend dünnen Schicht nur vernachlässigbare Änderungen hervorbringt [in anderem Zusammenhang Ertel 1933, Calder 1939]. Nach einer Abschätzung von Monin und Obuchow [1954] ist die relative Änderung der Schubspannung in einer Schicht der Höhe H kleiner als α, wenn $H \approx \alpha \cdot 25o$ m, besser, wenn $H\,[m] \approx \alpha \cdot 25 \cdot u_g\,[m/sec]$ ist (u_g geostrophische Windgeschwindigkeit).

Wie diese Abschätzung zeigt, sollte man die bodennahe Luftschicht nicht durch Konstanz der Schubspannung definieren. Es ist vielmehr die Nähe der Grenzfläche, die die Struktur der Strömung beeinflußt und damit die wassernahe Luftschicht charakterisiert. In dieser Schicht können z.B. die aus Laborversuchen abgeleiteten "Wandgesetze" der turbulenten Strömung angewandt werden, erfahrungsgemäß bis in 1o - 2o m Wasserabstand, sofern die sonstigen Voraussetzungen, insbesondere neutrale Dichteschichtung, vorliegen. Von dieser Möglichkeit ist in zahllosen Fällen erfolgreich Gebrauch gemacht worden, so daß man die Konstanz der vertikalen Flüsse oft stillschweigend voraussetzt.

Die wassernahe Luftschicht zeichnet sich ferner gegenüber den höheren Schichten dadurch aus, daß hier das Maximum des Überganges von der kinetischen Energie der mittleren Bewegung in die kinetische Energie der Zusatzbewegung liegt. Der Energieübergang ist im wesentlichen durch das Produkt Schubspannung mal dem vertikalen Gradienten der Windgeschwindigkeit bestimmt und verhält sich daher umgekehrt proportional zum Abstand von der Oberfläche. Dagegen ist der Gewinn oder Verlust an kinetischer Energie durch die archimedischen Kräfte infolge nicht-neutraler Dichteschichtung in erster Näherung unabhängig vom

Wasserabstand, so daß ein Einfluß der Stabilität mit wachsendem Wasserabstand an Bedeutung gewinnt.

Innerhalb der wassernahen Luftschicht, evtl. sogar höher reichend, ist noch der unmittelbare Einflußbereich des Seegangs ausgezeichnet, da in diesem Bereich die vertikalen Flüsse nicht konstant zu sein brauchen [Stewart 1961]. Bisher liegen keine Messungen vor, die exakte Aussagen gestatten, bis in welche Höhe sich der Einfluß des Seegangs erstreckt. Es ist jedoch ohne experimentellen Nachweis einleuchtend, daß z.B. bei Vorhandensein von Gischt eine Quelle für Wasserdampf in einigem Abstand von der eigentlichen Wasseroberfläche vorhanden ist und daß infolgedessen in diesem Höhenbereich Wärme- und Wasserdampfstrom nicht konstant sind.

Es ist z.T. angenommen worden, daß auch auf See unmittelbar an der Grenzfläche eine "laminare Unterschicht" besteht, in der die Strömung und die Transporte durch die molekulare Zähigkeit und die molekularen Diffusionskoeffizienten bestimmt werden. Hinzpeter hat versucht, diese Schicht durch feine Temperaturmessungen nachzuweisen [Hinzpeter und Lobemeier 1968]. Die Dicke der laminaren Unterschicht läßt sich für mittlere Verhältnisse in der wassernahen Luftschicht zu wenigen Zehntel-Millimeter abschätzen [entsprechend Schlichting 1965, S. 56o und 6o9 für ebene Platte]. Über ihre Homogenität in den Richtungen parallel zur Grenzfläche, ihre Regenerationsgeschwindigkeit und ähnliche Fragen scheint bisher nichts bekannt zu sein. Es ist selbstverständlich, daß letzten Endes alle Übergänge zwischen Luft und Wasser über molekulare Vorgänge führen. Es ist damit aber nicht gesagt, daß die laminare Unterschicht den entscheidenden Einfluß auf die vertikalen Transporte hat.

Es ist nützlich, die Vorgänge in den verschiedenen Teilen der maritimen Reibungsschicht in einem Modell zusammen zu betrachten, da ja die vertikalen Transporte die verschiedenen Schichten durchlaufen, wobei der nicht zur wassernahen Luftschicht gehörige Teil der Reibungsschicht durchaus nicht einheitlich zu sein braucht.

Die drei vertikalen Transporte lassen sich ausdrücken als das Produkt eines Scheindiffusionskoeffizienten bzw. molekularen Diffusionskoeffizienten mit dem vertikalen Gradienten der betreffenden Eigenschaft. Diese Ansätze spiegeln unsere Erfahrungen wieder, daß die Transporte normalerweise in Richtung des Gefälles erfolgen und dem Betrage des Gefälles proportional sind. Dabei sind die Scheindiffusionskoeffizienten sehr stark vom Turbulenzzustand der Luft abhängig und nehmen in den unteren Dekametern mit der Höhe zu, während die vertikalen Gradienten mit der Höhe abnehmen. Sofern nicht sehr stabile Schichtung vorliegt, wird der Fluß durch die vertikalen Unterschiede der Diffusionskoeffizienten und der Gradienten weniger berührt, da in einer Schicht zu geringer Turbulenz und damit zu kleiner Scheindiffusionskoeffizienten die Gradienten anwachsen und somit der Fluß wieder erhöht wird.

Man kann das mit dem Modell einer elektrischen Leitung veranschaulichen, bei dem der Gradient dem elektrischen Spannungsabfall, der Scheindiffusionskoeffizient der Leitfähigkeit und der elektrische Strom dem vertikalen Transport entspricht. Bei Änderung des Widerstandes bzw. der Leitfähigkeit in einem Teil der Leitung ändert sich der Spannungsabfall in diesem Leiterstück. Ist diese Änderung des Widerstandes klein gegenüber dem Gesamtwiderstand, so bleibt die Stromstärke konstant. Sofern man nur den Strom bestimmen will, kann man ihn an der Stelle des Leitungssystems messen, die dafür am günstigsten erscheint. Was die Widerstandsänderung in einem anderen Leiterstück verursacht hat, ist eine Frage, die selbständiges Interesse beansprucht, sie braucht aber nicht in diesem Zusammenhang beantwortet zu werden.

Dieses Modell ist nur ein Hilfsmittel, die Transporte in der maritimen Reibungsschicht im Zusammenhang zu sehen. Es ist insofern zu grob, als die Speicherfähigkeit in den verschiedenen Schichten und die Quellen und Senken sowie die Abhängigkeit der Leitfähigkeit von den Gradienten (Stabilität der Schichtung) nicht berücksichtigt wurde. Das Modell ist jedoch insofern nützlich, als es anschaulich macht, warum es nicht unbedingt notwendig ist, z.B. die laminare Unterschicht oder Probleme der atmosphärischen Turbulenz-Seegangs-Wechselwirkung zu untersuchen, wenn die vertikalen Transporte für Probleme der atmosphärischen Zirkulation oder der numerischen Vorhersage an anderer Stelle mit ausreichender Genauigkeit bestimmt werden können.

Ein derartiges Leitungsmodell gibt auch eine anschauliche Erklärung dafür, warum die Temperaturdifferenz Luft - Wasser sich als ein brauchbarer Parameter erwiesen hat, obwohl bekannt ist, daß die zu ihrer Berechnung benutzte Wassertemperatur von der Temperatur der obersten Wasserhaut merklich abweichen kann. Die Abweichung der Temperatur der obersten mm von der Wassertemperatur in einiger Tiefe ist eine Folge der Transporte und der Strahlung, sie ist eine abhängige Größe. Sie kann daher als Funktion von Parametern dargestellt werden [Hasse 1964, Saunders 1967 a], wobei die Temperaturdifferenz Luft - Wasser u. a. deshalb bereits eine hohe Aussagekraft hat, weil sie mit anderen Parametern korreliert ist.

2. Methoden zur Bestimmung der vertikalen Transporte in der maritimen Reibungsschicht

Die vertikalen turbulenten Transporte werden üblicherweise wie folgt definiert:

(1a) $\tau = -\rho \overline{u'w'}$ Impulsstrom *)

(1b) $H = c_p \rho \overline{w'T'}$ Strom fühlbarer Wärme

(1c) $E = \rho \overline{w'q'}$ Wasserdampfstrom

Dabei bedeuten die gestrichenen Größen Abweichungen vom Mittelwert, der durch einen Querstrich gekennzeichnet wird, ρ die Luftdichte, u und w horizontale und vertikale Komponente des Windes, T Temperatur, q spezifische Feuchte, c_p spezifische Wärme bei konstantem Druck. Die

*) Exakter müßte man schreiben $|\tau| = \sqrt{\tau^2_{xz} + \tau^2_{yz}}$ mit $\tau_{xz} = -\rho \overline{u'w'}$ $\tau_{yz} = -\rho \overline{v'w'}$ bei beliebiger Lage der horizontalen Koordinaten x, y. Die Formel (1a) gilt, wenn die Komponente u in Richtung des Schubspannungsvektors liegt, die in der bodennahen Luftschicht näherungsweise auch die Richtung des mittleren Windes ist.

Mittelung wird aus praktischen Gründen in der wassernahen Luftschicht durchweg als zeitliche Mittelung ausgeführt, wobei Mittelungszeiträume von 5 bis 2o Minuten erforderlich sind.

Es wäre richtiger, in den obigen Definitionen auch die Dichte als mit turbulenten Schwankungen überlagert anzusehen und von Tripelkorrelationen der Form $\overline{\rho u w}$ auszugehen. In der wassernahen Luftschicht werden jedoch meist nur die oben angegebenen Formeln benutzt, da die Dichteschwankungen gering sind gegenüber den Schwankungen der Windkomponenten und aus Kontinuitätsgründen $\overline{\rho w}$ = O gesetzt werden kann [Hollmann 1963, Kohlsche 1964, s. a. Businger und Miyake 1968].

Es sollen im folgenden die Methoden kurz besprochen werden, die zur Messung des vertikalen Impuls- und Wärmestromes zur Verfügung stehen.

2.1. Direkte Methode = Kreuzkorrelationsmethode

Nach den Formeln (1) werden die Ströme berechnet aus Messungen der momentanen Werte der Windkomponenten und der Temperatur mit empfindlichen Geräten, wobei in der wassernahen Luftschicht Schwankungen bis etwa lo Hz erfaßt werden müssen. Hierfür werden Hitzdrahtanemometer, Schallanemometer und Thrust-Anemometer benutzt, (Thrust-Anemometer = Stoßwindmesser; es wird die Auslenkung eines rotationssymmetrischen Körpers durch den Wind gegen Federkräfte bestimmt). Als Meßfühler sind auch Flugzeuge benutzt worden, jedoch ist durch die nicht sehr günstige Übertragungsfunktion der Flugzeuge [Bunker 1955, MacCready 1962 a] die Aussagekraft für Messungen der vertikalen Transporte beschränkt (während bei Spektren die Verfälschung eliminiert werden kann).

Nachteil der direkten Methode: Wegen des großen Frequenzumfanges der atmosphärischen Fluktuationen ist für die Bestimmung eines Mittelwertes die Verarbeitung einer großen Datenmenge erforderlich. Auch der instrumentelle Aufwand ist erheblich und die Geräte sind meist empfindlich, so daß die Methode bisher nur für Forschungszwecke eingesetzt wurde. Dringend erforderlich ist eine sorgfältige vertikale Orientierung der Geräte, da sonst - wegen des Überwiegens der horizontalen Komponente des Windes über die vertikale - scheinbare Vertikalwinde hervorgerufen werden, die besonders bei der Berechnung der Kovarianz $\overline{u'w'}$ zu merklichen Verfälschungen führen. Die exakte Orientierung kann mit entsprechendem Aufwand erreicht werden, die übrigen Nachteile werden durch den Vorteil aufgewogen, eine von Voraussetzungen freie, direkte Methode zu haben.

2.2. Aerodynamische Methoden

Die aerodynamischen Methoden gehen von dem Austausch-Ansatz aus, der im wesentlichen zur Definition der Scheindiffusionskoeffizienten K dient (Θ pot. Temperatur):

(2a) $$\tau = \rho K_M \frac{\partial \bar{u}}{\partial z}, \qquad K_M = \text{Schein-Viskosität}$$

(2b) $$H = -c_p \rho K_H \frac{\partial \bar{\Theta}}{\partial z}, \qquad K_H = \text{Schein-Wärme-Leitfähigkeit}$$

(2c) $$E = -\rho K_E \frac{\partial \bar{q}}{\partial z}, \qquad K_E = \text{Schein-Diffusionskoeffizient}$$

Oft wird auf Grund der bahnbrechenden Arbeiten W. Schmidt's der durch $\rho K = A$ definierte Austauschkoeffizient verwandt. Es ist zu beachten, daß bei Benutzung der Gleichungen (2) als Definition kein Bezug genommen wird auf Austausch- oder Mischungsweg-Modell-Vorstellungen. Die Gleichungen geben vielmehr die Erfahrung wieder, daß der Transport in Richtung des Gefälles erfolgt und bei sonst gleichen Bedingungen dem Betrag des Gefälles proportional ist. Die Scheindiffusionskoeffizienten sind in erster Näherung proportional zum Abstand von der Grenzfläche und zur Windgeschwindigkeit (vergleiche (5)), als Ausdruck der turbulenten Vertikalbewegungen sind sie abhängig von der Dichteschichtung.

Für die Verhältnisse in der wassernahen Luftschicht kommt zu diesen Ansätzen noch ein Satz von Relationen hinzu, die der Erfahrung Ausdruck geben, daß bei sonst gleichen Bedingungen die vertikalen Gradienten in den untersten Metern den (mittleren) Differenzen der betreffenden Größen zwischen Luft und Wasseroberfläche ($\bar{u}$, $\Delta\Theta$, Δq) proportional und die Höhenfunktionen näherungsweise logarithmisch sind [Montgomery 1940, Brocks 1955]:

$$\frac{\partial \bar{u}}{\partial z} = \Gamma_u \cdot \frac{\bar{u}}{z} \quad (3a)$$

$$\frac{\partial \bar{\Theta}}{\partial z} = \Gamma_\Theta \cdot \frac{\Delta\Theta}{z} \quad (3b)$$

$$\frac{\partial \bar{q}}{\partial z} = \Gamma_q \cdot \frac{\Delta q}{z} \quad (3c)$$

Die Profilkoeffizienten Γ sind in erster Näherung höhenunabhängig, sie sind abhängig vom Turbulenzzustand der Luft und damit auch von der Stabilität der Dichteschichtung.

Bei neutraler Dichteschichtung kann von dem bekannten Prandtlschen Mischungswegansatz [Prandtl 1932] Gebrauch gemacht werden:

$$|\tau| = \rho k^2 (z + z_0)^2 \left(\frac{\partial \bar{u}}{\partial z}\right)^2 \quad (4)$$

Daraus ergibt sich mit $u_* = \sqrt{\tau/\rho}$

$$K_M = k\,(z + z_0)\,u_* \quad (5)$$

wobei z_0 Rauhigkeitsparameter, k von Karmansche Konstante, etwa 0,4 nach Messungen. Das Mitführen des Rauhigkeitsparameters z_0 in den Formeln (4) und (5) ist eine formale Analogie zu der Schreibweise für Verhältnisse über festem Untergrund, sie kann auch auf (3) ausgedehnt werden, ist dort jedoch praktisch bedeutungslos, da z_0 gegenüber den üblichen Meßhöhen vernachlässigt werden kann.

Die aus dieser Formel für neutrale Dichteschichtung abgeleiteten Schubspannungen stimmen sehr gut mit direkten Messungen der Schubspannung überein, wie man aus dem Vergleich der nach beiden Methoden bestimmten Reibungskoeffizienten (siehe unten) feststellt. Damit dürfte die Anwendbarkeit der Formeln in der wassernahen Luftschicht bei neutraler Dichteschichtung gesichert sein. Zwischen Rauhigkeitsparameter z_0 und Profilkoeffizienten besteht bei neutraler Schichtung die Beziehung

(6) $$\Gamma = 1/\ln \frac{z + z_0}{z_0}$$

Man kann in diesem Fall nach (3 a) und (4) auch schreiben

(7) $$u_* = k\,\Gamma \cdot \bar{u}$$

wobei man die Extrapolation zur Grenzfläche vermeidet und sich auf die Strömungseigenschaften bezieht.

Für nicht-neutrale Schichtung wird meist nach dem Beispiel von Monin und Obuchow [1954] ein Ansatz der Form

(8) $$\frac{\partial u}{\partial z} = \frac{u_*}{k\,z} \, \varphi(\zeta)$$

gemacht, wobei ζ einen Stabilitätsparameter (Richardsonsche Zahl, z/L) andeuten soll. Man kann $k/\varphi(\zeta) = k^*$ als verallgemeinerten Karman-Parameter deuten und erhält entsprechend:

(9a) $$K_M = k^*_M \, u_* z$$

(9b) $$K_H = k^*_H \, u_* z$$

(9c) $$K_E = k^*_E \, u_* z$$

Aus Beobachtungen auf Land leitet man das folgende allgemeine Bild ab: Die verallgemeinerten Karman-Parameter werden mit zunehmender Stabilität rasch geringer und wachsen mit zunehmender Labilität, wobei k^*_M eher langsamer wächst als k^*_H und k^*_E, so daß k^*_M bei labiler Schichtung (etwa $Ri \leq -1$) geringer ist als k^*_H und k^*_E [siehe z.B. Lumley-Panofsky 1964 S. lo5f, Webb 1965 S.31). Bestimmungen der Scheindiffusionskoeffizienten in der wassernahen Luftschicht aus direkten Messungen der Flüsse fehlen bisher. Für die Abhängigkeit der Profilkoeffizienten von der Stabilität hat Jeske [1965] einen Vergleich von verschiedenen Ansätzen mit Beobachtungen über See durchgeführt.

2.2.1. Aerodynamische Profil-Methoden

Je nach den vorliegenden Informationen und zusätzlichen Annahmen können aus den obigen Formeln eine Vielzahl von Kombinationen gebildet werden. Bei den Profilmethoden geht man von den gemessenen Profilen aus und benutzt die Definitionsgleichungen der Scheindiffusionskoeffizienten, um die Flüsse zu berechnen. Zur Bestimmung der Scheindiffusionskoeffizienten stehen folgende Ansätze zur Verfügung:

1. Konstanz der vertikalen Flüsse in den untersten lo bis 2o m über der Grenzfläche
2. Gleichheit der Scheindiffusionskoeffizienten verschiedener Größen oder Vorgabe ihres Verhältnisses als Funktion der Stabilität nach anderen Beobachtungen
3. Einfluß der Dichteschichtung proportional zum Abstand von der Grenzfläche, d.h. neutrale Schichtung in unmittelbarer Nähe der Grenzfläche
4. Prandtl-Ansatz für neutrale Schichtung
5. Funktionelle Form der Stabilitätsfunktionen.

Die Konstanz der vertikalen Flüsse oberhalb der Wellen bis in lo - 2o m Höhe ist nur angenähert. Gravierender ist noch, daß im unmittelbaren Bereich des Seegangs, zwischen den Wellenbergen, die Konstanz der Flüsse nicht mehr gesichert ist, z.B. wegen der Verdunstung aus ejizierten Wassertropfen und der Impulsübertragung auf die Wellen. Damit ist die Ausnutzung des Ansatzes 3. mit Hilfe der Konstanz der Flüsse in Frage gestellt, da bei nicht-neutraler Schichtung in einigen Metern Höhe neutrale Schichtung erst im unmittelbaren Bereich der Wellen zu finden ist.

Das erschwert auch die Benutzung des Rauhigkeitsparameters, der - solange ihm nicht aus einer gesicherten Seegangstheorie eine andere physikalische Interpretation unterlegt werden kann - nur aus den Strömungseigenschaften der Luft bei neutraler Schichtung, z.B. über den Profilkoeffizienten, definiert werden kann. Eine Ableitung aus "logarithmischen" Profilen bei nicht-neutraler Schichtung ergibt sinnlose Werte, wie Brocks [1955] nachgewiesen hat.

2.2.2. Aerodynamische Parameter-Methoden (bulk aerodynamic methods)

Durch Einsetzen der Profilkoeffizienten in die "Austauschansätze" (2) erhält man Ausdrücke, welche die vertikalen Ströme als Funktion der Differenzen zwischen Luft und Wasser ausdrücken. Diese Ausdrücke eignen sich besonders für eine Parametrisierung. Hierbei geht man von einfacher zu messenden Größen aus wie:
Windgeschwindigkeit $\bar{u}$, potentielle Temperaturdifferenz Luft - Wasser ($\Delta\Theta$), Differenz der spezifischen Feuchte Luft - Wasser (Δq) u.ä. Die Formeln:

(10a) $$\tau = \rho \varkappa \bar{u}^2$$

(10b) $$H = -c_p \rho c_H \bar{u} \Delta\Theta$$

(10c) $$E = -\rho c_E \bar{u} \Delta q$$

können als Definition für den Reibungskoeffizienten $\varkappa$ und die Wärme- und Wasserdampf-Transportkoeffizienten c_H, c_E betrachtet werden.

Aus dem Prandtlschen Ansatz erhält man $u_* = k \Gamma_u \bar{u}$ (7) und damit für neutrale Dichteschichtung

(11a) $$\varkappa = k^2 \Gamma_u^2$$ und

(11b) $$c_H = k^2 \Gamma_u \Gamma_\Theta \frac{K_H}{K_M}$$ sowie

(11c) $$c_E = k^2 \Gamma_u \Gamma_q K_E/K_M$$

Da neutrale Schichtung in unseren Breiten meist nahezu adiabatische

Schichtung und geringen vertikalen Wärmestrom bedeutet, ist die Formel (11b) ohne Aussage. Sie wurde im Hinblick auf die Verhältnisse bei nicht-neutraler Schichtung mit aufgeführt. In diesem Falle sind $\varkappa$, c_H, c_E Funktionen der Stabilität. Man könnte versuchen, auf Grund eines Ansatzes entsprechend (8) zumindest für die Faktoren Γ_u, Γ_Θ, Γ_q diese Abhängigkeit formelmäßig auszudrücken. Da man aber als allgemeine Regel sagen kann, daß mit wachsender Stabilität in der bodennahen Luftschicht die Scheindiffusionskoeffizienten abnehmen und die Gradienten zunehmen, würde man die Abhängigkeit der $\varkappa$, c_H, c_E von der Stabilität durch Produkte von nicht sehr genau bekannten Stabilitätsfunktionen mit inversem Verlauf erhalten. Insofern erscheint es besser, die obigen Ansätze (1o) - die man auch aus Dimensionsüberlegungen ableiten könnte - unabhängig von Austauschansätzen und ähnlichen Vorstellungen zu betrachten und die Abhängigkeit von $\varkappa$, c_H, c_E vom Turbulenzzustand empirisch zu bestimmen.

2.3. Bestimmung der Schubspannung über die Energiedissipation

Deacon [1959] hat empfohlen, die Schubspannung auf See aus der Dissipation der kinetischen Energie der Turbulenz zu berechnen. Die Energiedissipation (ε) könnte aus der Strukturfunktion (r Abstand in x-Richtung)

$$(12) \qquad D_u(r) = \overline{[u(x+r) - u(x)]^2} = \text{const}(\varepsilon r)^{2/3}$$

bestimmt werden, wobei die Geschwindigkeitsdifferenzen von den Bewegungen des Schiffes unbeeinflußt wären. Wegen des engen Zusammenhanges Strukturfunktion - Autokorrelationsfunktion - Energiespektrum kann mit demselben Vorteil der Unabhängigkeit von Bewegungen des Instrumententrägers der hochfrequente Teil z.B. des Spektrums $E_u(k)$ der Horizontalkomponente des Windes in Windrichtung benutzt werden. Dann gilt:

$$(13) \qquad kE_u(k) = a\,\varepsilon^{2/3}\,k^{-2/3}$$

mit a = o.47, wenn $k = 2\pi f/\bar{u}$ [Panofsky and Pasquill 1963].

Deacon empfiehlt diese Methode für neutrale Schichtung (mit Vorschlägen für eine Erweiterung auf nicht neutrale Schichtung und zur Bestimmung des Wärmestromes), da R. J. Taylor [1955] gezeigt habe (aus Messungen über Land in 2 und 29 m Höhe), daß unter diesen Umständen zumindest näherungsweise der Energieübergang aus der mittleren Strömung gleich ε gesetzt werden könne:

$$\frac{\tau}{\rho} \cdot \frac{\partial \bar{u}}{\partial z} = \varepsilon \,, \tag{14}$$

die Diffusion (turbulenter Transport) der kinetischen Energie der Turbulenz wäre also gering gegenüber der Dissipation. Taylor [1961] kommt zu der Ansicht, daß im Rahmen der beschränkten Meßgenauigkeit bei nicht-neutraler Schichtung τ aus

$$\varepsilon = \frac{\tau \partial \bar{u}}{\rho \partial z} + \frac{g}{T} \frac{H}{c_p \rho} \tag{15}$$

unter Vernachlässigung des turbulenten Flusses der kinetischen Energie bestimmt werden kann. Seine Tabelle 1 scheint eher das Gegenteil zu bestätigen (s. Tab. 1). Die Berechtigung des Ansatzes (15) wird m. E. auch nicht durch Busch und Panofsky [1968] (für 15 bis 91 m Höhe über Land) nachgewiesen, da ihr Material eine erhebliche Streuung aufweist (auch wenn man von den Fällen absieht, die mit einem zweifelhaften mittleren Korrekturfaktor von 2,18 versehen wurden).

Weiler und Burling [1967] haben Bestimmungen der Schubspannungen in etwa 2 m Höhe über Wasser aus der Energiedissipation und nach der Profilmethode mit direkten Messungen verglichen. Sie fanden (ohne Berücksichtigung der Dichteschichtung und des Transportes der kinetischen Energie) aus dem Spektrum der Horizontalkomponente des Windes in Windrichtung um 42% zu hohe Werte gegenüber den direkten Messungen. Das spricht nicht für die "Spektrum"-Methode. Wenn Weiler und Burling trotzdem eine engere Korrelation zwischen den Ergebnissen der Spektrum- und der direkten Methode fanden als zwischen Profil- und direkter Methode, so dürfte das daran liegen, daß einfach diejenigen Profile wie neutrale Profile behandelt wurden, die "logarithmisch" aussahen.

Tabelle 1 aus Taylor [1961]

Fall	T (dyn/cm²)	τ (dyn/cm²)	T/τ
2	3,oo	1,83	1,64
3	-3,28	2,66	-1,23
6	1,2o	3,22	o,37
4	3,22	2,35	1,37
2	3,17	2,58	1,22
4	-2,29	1,9o	-1,21
6	18,o	4,29	4,2o
9	o,11	o,56	o,2o
11	o,o6	o,26	o,23
6	o,o9	2,o6	o,o5
11	1,oo	1,53	o,66
13	o,34	2,26	o,15
15	1,61	1,38	1,17
17	o,76	1,34	o,57
19	o,33	o,66	o,5o
37	o,73	o,44	1,66
39	-o,35	2,72	-o,13
46	1,16	1,9o	o,62
48	2,4o	3,39	o,71
5o	2,16	2,46	o,88
4	1,47	1,23	1,19
6	-3,53	8,o1	-o,44
1o	3,2o	5,43	o,59
16	o,43	o,35	1,23
48	1,1o	o,57	1,93
8	2,o3	4,7o	o,43
1o	3,55	2,75	1,29
12	2,9o	4,71	o,62
16	o,95	2,oo	o,48
1	o,o8	o,32	o,25
3	o,o6	o,21	o,29
	Mittel		o,69
	Streuung des Mittels		o,18

τ sind direkte Messungen von Swinbank

T die mit Hilfe von (12) und (15) sowie der Gradient-Richardson-Zahl und der Taylor-Hypothese bestimmten Schubspannungen

Stewart [Weiler und Burling 1967] wies darauf hin, daß die Benutzung der Gleichung (13) zur Bestimmung der Schubspannung in nicht vollständig isotroper Turbulenz zu überhöhten Werten führen kann. Das ist um so gefährlicher, als Spektren bekanntlich näherungsweise nach dem -5/3 Gesetz verlaufen auch in Spektralbereichen, in denen nach den geometrischen Verhältnissen noch keine Isotropie vorliegen kann [Giffort 1959, Neumann 1962].

Isotropie kann aber allein aus Messungen einer Komponente nicht festgestellt werden, so daß ein wesentlicher Vorteil dieser Methode verloren geht. Bei Anwendung der Methode ist ferner zu bedenken, daß die verschiedenen Glieder der Bilanzgleichung der kinetischen Energie der Turbulenz je nach Bodenabstand, Windgeschwindigkeit und Stabilität sehr unterschiedliche Größenverhältnisse zu einander haben können.

2.4. Bilanz-Methode

Ausgangspunkt ist die Energiebilanz einer Oberfläche. Es muß ein Gleichgewicht bestehen zwischen der Strahlungsbilanz (R), dem Wärmestrom in den Boden (G) und dem Strom fühlbarer (H) und latenter Wärme (LE) in die Luft.

(16) $$R = H + G + LE$$

Diese Formel kann vorteilhaft benutzt werden zur Berechnung der Verdunstung mit Hilfe der Strahlungsbilanz in Gebieten mit höherer Wassertemperatur, da dort das Verhältnis der vertikalen Transporte fühlbarer und latenter Wärme (Bowen-ratio) auf etwa 1/10 zurückgeht, so daß eine ungenaue Ermittlung des vertikalen Wärmestromes die Bestimmung der Verdunstung nicht beeinträchtigt. Bei Benutzung an der Grenzfläche Luft-Wasser ist zu beachten, daß ein Teil der kurzwelligen Strahlung in das Wasser eindringt. Das Glied G ist als Speicherung minus Advektion [Robinson 1966] in den Wasserschichten zu interpretieren, die durch Strahlung und Austausch Wärme durch die Grenzfläche erhalten bzw. abgeben. Da die Verdunstung Tag und Nacht etwa dieselbe Größe hat, während die Wärmezufuhr durch Strahlung tagsüber erfolgt, ist außer der jahreszeitlichen Speicherung und der Advektion noch eine tägliche Speicherung von etwa derselben Größe wie der Wärmeentzug durch Verdunstung zu berücksichtigen. Es wird daher wohl nur sinnvoll sein, diese Methode für Zeiträume von 24 Stunden (oder Vielfache davon) zu verwenden.

Für eine Abschätzung der Größenverhältnisse kann man einen mittleren Wert des Stromes latenter Wärme von o. 2 cal/cm^2 min benutzen. Das entspricht einer Temperaturänderung von o. 1°C pro Tag im Mittel einer 3o m dicken Wasserschicht oder einer Höhenveränderung einer 4°C starken Sprungschicht von 72 cm/Tag. Die erforderliche Meßgenauigkeit für die Bestimmung der Speicherung ist relativ hoch, wenn man Unterschiede der Verdunstung von Tag zu Tag bestimmen will. Das ist zumindest ein Nachteil für die Erforschung der die Verdunstung bestimmender Parameter.

2.5. Integral-Methoden

Man kann versuchen, den Fluß einer Größe, z. B. des Wasserdampfes, von der Meeresoberfläche in die Atmosphäre in einem großen Gebiet dadurch zu bestimmen, daß man die Bilanz dieser Größe in einem größeren atmosphärischen Volumen aufstellt. Der Zufluß durch die untere Begrenzung muß dann sein gleich der zeitlichen Änderung in dem Volumen plus Differenz von Aus- und Einfluß durch die übrigen Oberflächen des Volumens.

Diese Methode interessiert, weil man aus quasi-aerologischen Daten einen Mittelwert für eine Fläche erhält, die der Maschenweite des synoptischen Netzwerkes entspricht. Für etwa synoptische Zeiträume (5 Stunden) sind solche Versuche von einer amerikanischen Gruppe während der Internationalen Indischen Ozean Expedition gemacht worden [Fleagle, Badgley and Hsueh 1967]. Die Autoren sind der Ansicht, die Durchführbarkeit solcher Experimente nachgewiesen zu haben. Untersucht wurde in diesem Falle die Verdunstung, weil die Verhältnisse hierfür in dem betrachteten Seegebiet vorteilhaft waren. Die Ergebnisse sind nicht sehr ermutigend; die Genauigkeit betrug etwa 5o%, obwohl eine günstigere Abwandlung des oben skizzierten Schemas benutzt wurde. Es ist zu berücksichtigen, daß bei dem Grundtyp des Verfahrens der Zufluß von unten hauptsächlich aus der Differenz von Zufluß und Abfluß durch die Seitenflächen berechnet wird, so daß man den gesuchten Wert als Differenz zweier größerer Zahlen erhält. Der erforderliche Aufwand ist ebenfalls erheblich; in dem erwähnten Beispiel wurden Fallsonden und drei mit Instrumenten versehene Flugzeuge benutzt. Der Vorteil der Methode, daß man einen Mittelwert der Verdunstung im synoptischen Maßstabe (über mehrere Stunden, über ein größeres Areal) erhält, ist zugleich ein Nachteil, weil es schwer sein dürfte, daraus auf die Faktoren zu schließen, welche die Verdunstungsgeschwindigkeit bestimmen. So ist von den erwähnten Autoren auch versucht worden, diese Methode mit der aerodynamischen Profil-Methode und direkten Messungen zu kombinieren. Offenbar wegen instrumenteller Unzulänglichkeiten und eventuell systematischer Einflüsse konnten dabei über einen ungefähren Vergleich der Methoden hinausgehende Ergebnisse nicht vorgelegt werden.

Vielleicht wird es möglich sein, die auf der geplanten Atlantischen Expedition 1969 im Passatgebiet anzustellenden aerologischen Beobachtungen und direkten und indirekten Bestimmungen der vertikalen Flüsse in dieser Richtung auszuwerten.

Eine mit der erwähnten Integral-Methode verwandte Art ist die Untersuchung der Luftmassen-Modifikation. Craig [1949] war es möglich, auf diese Weise den Verlauf des Austauschkoeffizienten mit der Höhe in den untersten loo m bei stabiler Schichtung zu bestimmen. Die Abhängigkeit vom Landabstand deutet jedoch auf systematische Einflüsse hin, so daß diese Werte nicht als repräsentativ angesehen werden können. Deardorff [1967, dort weitere Literaturangaben] fand, daß das berechnete Profil nicht sehr empfindlich ist gegenüber den für die Bestimmung des Diffusionskoeffizienten gemachten Annahmen.

2.6. Bestimmung der Schubspannung aus Windstau-Beobachtungen

Auf dem Land ist die Schubspannung mit Hilfe einer Reibungsplatte direkt gemessen worden. Auf dem Meer ist dieses Verfahren nicht anwendbar, hier hat man die Wirkung der Schubspannung an der Meeresoberfläche aus dem Stau des Wassers an Küsten zu bestimmen versucht. Diese Methode gibt in ihrer ursprünglichen Form offenbar bei geringen Windgeschwindigkeiten unzuverlässige Werte, sie ist von H. P. Schmitz [1961] einer detaillierten Kritik unterzogen worden.

Eine moderne Form dieser Methode wird möglich durch die numerische Berechnung von Sturmfluten oder Gezeiten [Hansen 1962], wobei durch Vergleich zwischen Rechnung und Beobachtung auf die Schubspannung geschlossen werden kann [Svansson 1968]. Diese Methode könnte gerade bei hohen Windgeschwindigkeiten sehr wertvoll werden, weil dann die Effekte größer und daher besser beobachtbar sind; allerdings steigen gleichzeitig auch die Unsicherheiten, z.B. durch unzureichende Kenntnis der meteorologischen Felder.

2.7. Ageostrophische Methode

Die ageostrophische Methode bildet insofern eine wertvolle Ergänzung zu den erwähnten Methoden, als die Messung des vertikalen Impulstransportes sich dabei über die ganze atmosphärische Reibungsschicht erstreckt und man mit dieser Methode auch die Höhenfunktionen z.B. des Impulstransportes und des Austauschkoeffizienten erhält. Durch den mit der Annäherung an den Erdboden zunehmenden Reibungseinfluß wird eine Winddrehung mit der Höhe hervorgerufen, die Rückschlüsse auf den vertikalen Impulsstrom zuläßt. Aus den Bewegungsgleichungen erhält man im Falle einer horizontalen, horizontal-gleichförmigen und stationären Strömung (u_g, v_g Komponenten des geostrophischen Windes, ℓ Coriolisparameter):

(17)
$$\frac{\partial \tau_{xz}}{\partial z} = \rho \ell (v_g - \bar{v})$$
$$\frac{\partial \tau_{yz}}{\partial z} = \rho \ell (\bar{u} - u_g)$$

aus denen man durch Integration die Schubspannung erhalten kann. Das als Ausgangsmaterial dienende Windprofil $\bar{u}(z)$, $\bar{v}(z)$ wird meist mit Pilotballon-Doppelanschnitts-Messungen bestimmt.

Leider sind die tatsächlichen Windspiralen gegenüber dem einfachen Modell V.W. Ekman's durch die Änderung des Austauschkoeffizienten mit der Höhe und den Einfluß horizontaler Temperaturunterschiede (thermischer Wind) verzerrt. Die Beobachtungen zeigen, daß man den thermischen Wind nicht vernachlässigen kann. Außer dem Verlauf der Windkomponenten mit der Höhe benötigt man also noch 6 zusätzliche Informationen, um die Schubspannung und ihre Höhenabhängigkeit zu bestimmen, z.B. $\tau_{xz}(z_1)$, $\tau_{yz}(z_2)$, $u_g(O)$, $v_g(O)$, $\partial u_g/\partial z$, $\partial v_g/\partial z$.

Hierfür stehen verschiedene Möglichkeiten zur Verfügung. Besonders Lettau [1958, 1964] hat durch geschickte Ausnutzung der Informationen, die das Windprofil bietet (u.a. zur Bestimmung des geostrophischen und thermischen Windes aus den Windmessungen), die ageostrophische Methode nutzbar gemacht. Schriever [1966] hat ein Verfahren angegeben, mit Hilfe der Ausgleichung quasi-vermittelnder Beobachtungen nach der Methode der kleinsten Quadrate die notwendigen Informationen aus den Wind-Höhenfunktionen zu entnehmen. Die bei der Aufstellung von (17) erwähnten Voraussetzungen über die Strömung sind übrigens, im Gegensatz zur Ansicht Roll's [1965, S.177], nicht notwendig, man kann sowohl bei der Methode von Lettau wie bei der von Schriever - nach einem Vorschlag von Lettau [1958] - die nicht aus den Windprofilmessungen bestimmbaren Glieder der Bewegungsgleichungen zu einem verallgemeinerten reibungsfreien Wind zusammenfassen, sofern dieser nur als linear veränderlich mit der Höhe angenommen werden kann. Der Vorteil des objektiven Verfahrens von Schriever besteht u.a. darin, daß man es für beliebige Höhenschichten anwenden kann, so daß auch diese Voraussetzung noch geprüft werden könnte.

Als Vorteil der ageostrophischen Methode wurde bereits erwähnt, daß sie die Kenntnis der Höhenfunktion des Impulstransportes in der ganzen bodennahen Reibungsschicht liefert. Ferner ist der experimentelle Aufwand gering. Als Nachteil ist die durch Einfluß der Turbulenz verursachte Unsicherheit des mittleren Windprofils zu erwähnen, die bei den bisherigen Meßmethoden dazu zwang, Mittelwerte mehrerer Aufstiege zu benutzen. Dieser Nachteil kann jedoch durch meßtechnische Verbesserungen verringert werden. Ein weiterer Nachteil besteht darin, daß bisher die Ballone nur optisch mit ausreichender Genauigkeit angemessen werden konnten, so daß die Beobachtungen bei tiefliegenden Wolken oft nicht bis in die erforderliche Höhe (über See etwa 600 m) hinauf reichten.

Einige Resultate der ageostrophischen Methode werden im Abschnitt 3.5. diskutiert. Zusammenstellungen der nach dieser und anderen Methoden bestimmten Reibungskoeffizienten, mit entsprechenden Verweisen, finden sich bei Brocks [1963 a] und Roll [1965].

3. Ergebnisse direkter Messungen

Am Meteorologischen Institut der Universität Hamburg werden auf Initiative von Professor Dr. K. Brocks seit längerer Zeit die Zustände in der wassernahen Luftschicht untersucht. Hierfür wurden ursprünglich Profilmessungen angestellt, über die zum Teil schon berichtet worden ist [Brocks 1963 a, Deacon and Webb 1962]. Man kann zusammenfassend sagen, daß jedenfalls in unseren Breiten eine recht zufriedenstellende Darstellung der vertikalen Gradienten als Funktion von einfach zu messenden Größen unter Benutzung des Profilkoeffizienten möglich ist. Eine Bestätigung dieser Konzeption ergab sich auch indirekt aus den Messungen der elektromagnetischen Wellenausbreitung [Jeske 1965].

Bei der Bearbeitung der Profil-Messungen entstand der Eindruck, daß sich die vertikalen Gradienten bei labiler Schichtung mit größerer Sicherheit aus den Differenzen zwischen Luft und Wasser ableiten lassen als bei stabiler Schichtung. Bei stabiler Schichtung war die Streuung der Profilkoeffizienten höher. Es ist denkbar, daß bei einer detaillierteren Untersuchung unter Hinzunahme weiterer Parameter, die z. Zt. vorgenommen wird, eine Verbesserung erzielt werden kann. Es ist jedoch plausibel, daß bei stabiler Schichtung die Verhältnisse unübersichtlicher sind als bei labiler Schichtung. Bei labiler Schichtung wird kinetische Energie der Turbulenz aus der mittleren Strömung und aus den Auftriebskräften gewonnen, sie wird verzehrt durch den Abtransport der kinetischen Energie und durch die Dissipation. Bei stabiler Schichtung steht dagegen dem Energieübergang aus der mittleren Strömung der Verzehr durch die archimedischen Kräfte, durch den Abtransport und durch die Dissipation gegenüber. Eine kleine Verschiebung im Kräfteverhältnis macht sich dabei wesentlich stärker bemerkbar als im labilen Fall. Als ein Weg, zuverlässigere Angaben bei stabiler Dichteschichtung zu erhalten, bot sich die direkte Messung der turbulenten Zusatzkomponenten an. Die direkte Bestimmung der vertikalen Flüsse von Impuls und Wärme und Wasserdampf war auch deshalb wünschenswert, weil die Berechnung dieser Größen aus Profilmessungen allein nicht ausreichend erschien.

Es werden daher seit einer Reihe von Jahren Fluktuationsmessungen in der wassernahen Luftschicht durchgeführt [Brocks und Hasse 1963;

Hasse, Brocks, Dunckel, Görner 1966]. Die Bestimmung der vertikalen Flüsse geschieht nach der Kreuzkorrelationsmethode, wobei Platindrähte von 2o µ bzw. 15 µ Stärke für die Temperaturmessung und die Messung der Windkomponenten nach der Hitzdrahtmethode benutzt werden. Entsprechend den Drahtstärken und geometrischen Abmessungen könnten Schwankungen bis etwa loo Hz aufgelöst werden. Die Apparatur wurde von Herrn M. Dunckel entwickelt, eine Beschreibung der inzwischen verbesserten Meßmöglichkeiten soll an anderer Stelle erfolgen [Dunckel 1969]. Die Messungen geschehen auf einer Boje mit einem 3,5 m hohen, gegen Neigungen servo-stabilisierten Mast, wobei der Horizont durch einen Kreisel gegeben wird. Zum Vergleich werden - nach einem Vorschlag von Professor Dr. K. Brocks - Messungen auf einem feststehenden Mast in derselben Höhe herangezogen, der auf einem in 14 m tiefen Wasser stehenden Meßgerüst befestigt ist. Eine Beschreibung von Boje und Gerüst ist in Vorbereitung [Brocks und Hasse 1969].

Im folgenden werden einige Ergebnisse der Meßreisen April 1965 und Oktober 1965 auf der Ostsee mitgeteilt. Die Messungen fanden in etwa 16 km Abstand von der Küste statt (54° 35,4'N, $1o^o$ 18,6'E). 1967 wurden z.T. Messungen in 2,8 m und 5,4 m Höhe über Wasser ausgeführt, s. Tab. 3.

3.1. Spektralbereich

Der Frequenzumfang der turbulenten Zusatzkomponenten in der wassernahen Luftschicht interessiert u.a. für die Zerlegung der atmosphärischen Bewegungen in Anteile verschiedener Ausmaße ("scales").
Wird ein Schwankungsvorgang mit einem kontinuierlichen Spektrum durch Wahl eines Mittelungszeitraumes in "Mittelwert" und "turbulente Schwankung" zerlegt, so werden alle Anteile mit längerer Periode als die Mittelungsdauer als "Trend" oder "Instationarität" angesehen. Bei dem nicht-linearen Charakter der Turbulenz werden aber die höherfrequenten Anteile auch von den niederfrequenten beeinflußt, so daß die Aussagen über die turbulenten Zusatzkomponenten stark von dem Grad der Instationarität abhängen. Man kann sinnvolle Mittelwerte der turbulenten Schwankungen erhalten, wenn der niederfrequente Teil von dem

höherfrequenten durch eine Lücke im Spektrum getrennt ist, wobei die Sicherheit des Mittelwertes von der Breite und Tiefe der Lücke im Spektrum abhängt [Lumley and Panofsky 1964, S. 4o ff]. In diesem Zusammenhang wird meist das bekannte Horizontalwind-Spektrum van der Hoven's [1957] zitiert, das ein Minimum im Periodenbereich von 2 bis o,1 Stunden zeigt. Die beiden Maxima im Spektrum kann man kurz den "turbulenten" Schwankungen einerseits und den "synoptischen und täglichen" andererseits zuschreiben.

Bei der Reproduktion dieses Spektrums wird leicht übersehen, daß van der Hoven im turbulenten Teil absichtlich Werte von einem Hurrikan benutzt hat. Für normalere Verhältnisse ist das Amplitudenquadrat um etwa den Faktor 3 kleiner und die Lücke zwischen den beiden Anteilen ist nicht mehr so ausgeprägt. Das entspricht auch den von uns auf See gewonnenen Horizontalwindspektren, die im allgemeinen am langperiodischen Ende (bei einigen Minuten entsprechend etwa 10^{-2} bis 10^{-3} Hz) noch keinen scharfen Abfall zeigen [Wucknitz 1967]. Dagegen sind die Spektren der Vertikalkomponente des Windes in der wassernahen Luftschicht zum langperiodischen Ende hin deutlich begrenzt.

Einige bei unterschiedlicher Stabilität der Schichtung (s. Tab. 2, S. 3o) gewonnene Spektren der Vertikalkomponente sind in Abb. 1 dargestellt. Es handelt sich um sogenannte eindimensionale Spektren, gewonnen durch Spektralzerlegung der zeitlichen Registrierung der Vertikalkomponente des Windes an einem Punkt. Aufgetragen ist $f \cdot E_w(f)/\bar{u}^2$, die mit der Frequenz f multiplizierte spektrale Dichte $E_w(f)$, normiert mit dem Quadrat der mittleren Windgeschwindigkeit, um eine bessere Vergleichbarkeit zu ermöglichen. Der Verlauf des Vertikalwindspektrums ist bei der Bojenmessung (Fall 12/11) im Bereich der Seegangsfrequenzen nur angedeutet, da die Bestimmung der Tonnenvertikalgeschwindigkeit aus der Integration der Vertikalbeschleunigung nicht zuverlässig genug erschien, um den tatsächlichen Verlauf festzulegen. Es wäre interessant, diese Spektren mit anderen Messungen über See zu vergleichen. Hierfür stehen die Arbeiten von Smith [1967] und Weiler und Burling [1967] zur Verfügung, die Messungen in 1 bis 4 m Höhe über bis zu 4 m tiefem Wasser an der Küste gemacht haben. Abgesehen von der ge-

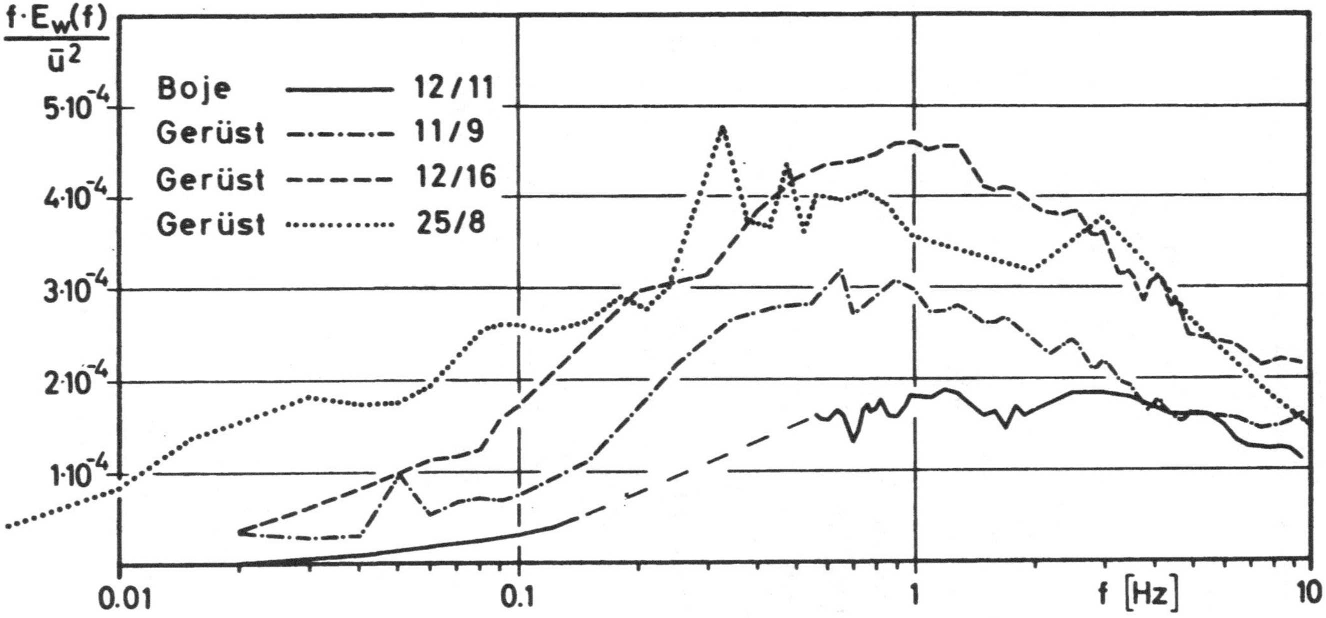

Abb. 1: Spektren der Vertikalkomponente des Windes, normiert mit dem Quadrat der Windgeschwindigkeit in Meßhöhe (3,5 m)

ringen Wassertiefe, gestatten diese Messungen nur einen allgemeinen Vergleich, da die zur Messung der Stabilität bestimmte Apparatur ausgefallen war; es liegen nicht einmal die Temperaturdifferenzen Luft - Wasser vor. Von Weiler und Burling werden die Spektren nach der Temperaturdifferenz Luft - Wasser nur in stabil und labil eingeteilt, bei Smith fehlt auch diese Angabe. Weiler und Burling schätzen ab, daß unexakte Justierung der Geräte zur Vertikalen keinen merklichen Einfluß auf das Vertikalwindspektrum hat. Die in den beiden Arbeiten wiedergegebenen Spektren sind bis etwa o,ol Hz analysiert, bis zu dieser Frequenz sind die Spektralwerte bereits abgefallen, ausgenommen ein Fall von Weiler und Burling, der mit labil gekennzeichnet ist. Die Maxima von $f \cdot E_W(f)$ liegen zwischen o,1 und 1 Hz bei labiler Schichtung und bei etwa 1 Hz bei fast neutraler und stabiler Schichtung in genereller Übereinstimmung mit unseren Messungen.

Busch und Panofsky [1968] haben Mittelwerte der Vertikalwindspektren für labile Schichtung von Smith und von Weiler und Burling mit Messungen über Land verglichen und fanden, daß die Gipfel der Spektren bei nahezu derselben Frequenz liegen, die über See gewonnenen Spektren aber breiter sind. Die Schlüsse von Busch und Panofsky sind jedoch etwas zweifelhaft, denn: "all curves are eye-averages over many individual runs". Von den 13 Beobachtungen von Weiler und Burling sind 7 als "unstable" gekennzeichnet, wobei offenbar der Einfluß der Feuchteschichtung nicht berücksichtigt wurde; bei Smith dürfte es sich um eine ähnliche Anzahl handeln. Beim Mitteln von Spektren, die nicht unter gleichen Bedingungen gewonnen wurden und unterschiedlichen Verlauf haben, wird das mittlere Spektrum natürlich verbreitert und flacher erscheinen.

Für eine Aufteilung der atmosphärischen Strömung in Anteile verschiedener Frequenzen ist das Cospektrum von größerem Interesse, da ja der Übergang der kinetischen Energie aus der mittleren Strömung in die turbulente Zusatzbewegung in einer Scherströmung durch das Glied $u_*^2 \cdot \partial\bar{u}/\partial z$ beschrieben wird und das Cospektrum die Zerlegung von u_*^2 in Anteile verschiedener Frequenzen gibt. Bei der Darstellung (Abb. 2) der von uns gemessenen Cospektren ist die Fläche unter der Kurve proportional zum Anteil des jeweiligen Frequenzbandes an der gesamten Kreuzco-

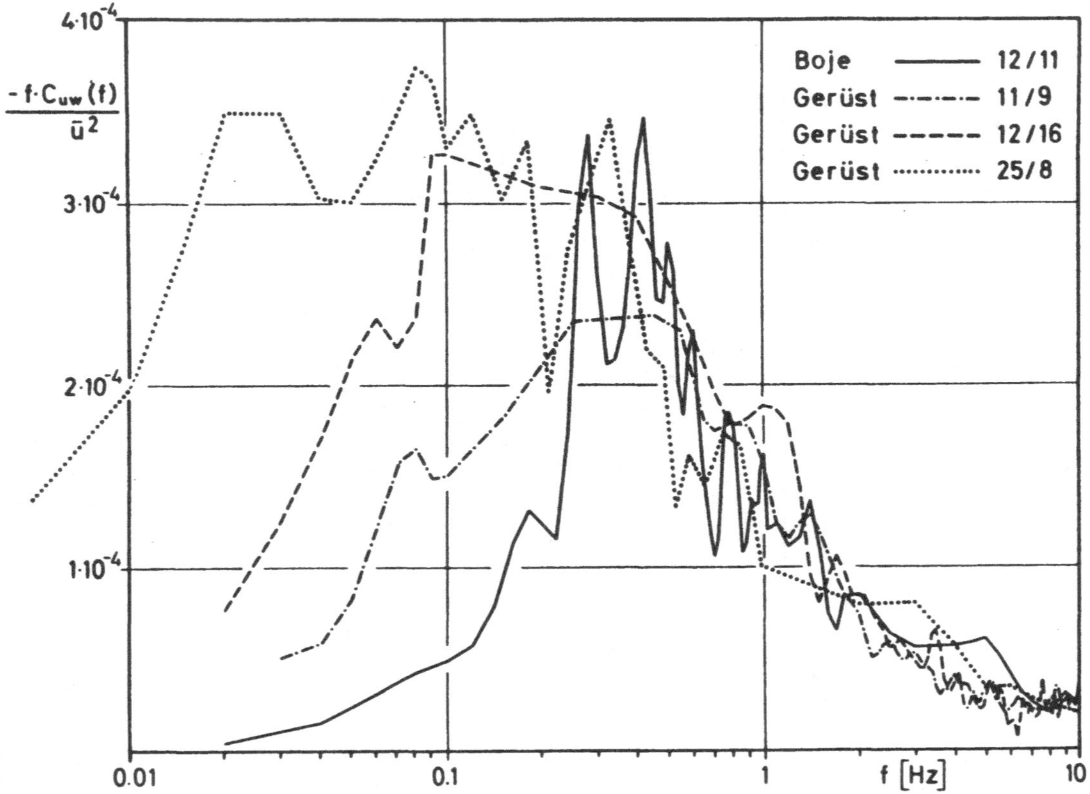

Abb. 2: Cospektren. Zerlegung der Covarianz $\overline{u'w'}$ in Anteile verschiedener Frequenzen. Es wurde mit dem Quadrat der Windgeschwindigkeit in Meßhöhe (3,5 m) normiert

varianz $\overline{u'w'}$, wobei wieder mit $\bar{u}^2$ normiert wurde. Bei den Cospektren ist der Einfluß der Stabilität *) noch auffälliger als bei den Vertikalwind-Spektren; der Abfall der Kurve am langperiodischen Ende verschiebt sich mit abnehmender Stabilität zu niedrigeren Frequenzen. Um ein Maß zu haben, kann man etwa diejenige Frequenz (f_g) als charakteristisch für den Abfall am niederfrequenten Ende betrachten, bei der $f C_{uw}(f)$ auf 1/4 des Maximalwertes zurückgegangen ist. Dann erhält man die in Tab. 2 angegebenen Werte.

Tabelle 2:

Fall	12/11	11/9	12/16	25/8	
z/L_v	(+o,5)	+o,1	+o,o3	-o,o3	
f_g	o,13	o,o4	o,o2	o,oo2	Hz
$\bar{u}_{10}$	2,8	3,9	8,1	8,9	m/sec

Die Windgeschwindigkeiten sind in Tab. 2 mit aufgeführt worden, weil sie einen systematischen Gang aufweisen (große Werte von z/L_v traten bei kleineren Windgeschwindigkeiten auf). Die Beobachtungen sind noch nicht so zahlreich, daß Spektren mit merklicher Variation in z/L_v bei gleicher Windgeschwindigkeit hätten zusammengestellt werden können.

Ein Vergleich der Windgeschwindigkeit mit f_g zeigt, daß bei Verwendung der Wellenzahl $k = 2\pi f/\bar{u}$ anstelle der Frequenz die Abhängigkeit der niederfrequenten Grenze von der Stabilität noch ausgeprägter

---

*) Die in den Tabellen angegebenen Stabilitätsparameter sind nach der Formel

$$\frac{z}{L_v} = \frac{g}{T} \frac{\overline{w'T'_v}}{u_*^3} kz$$

für die Meßhöhe 3,5 m berechnet, wobei u_* und $\overline{w'T'}$ aus den direkten Messungen stammen und der Virtuellzuschlag aus $E = c_H \rho \bar{u} \Delta q$ berechnet wurde mit $c_H = 1 \cdot 1o^{-3}$ (siehe 3.4.). Bei den drei in Klammern angegebenen Werten wurde auch $\overline{w'T'}$ aus $\bar{u} \Delta\Theta$ bestimmt.

werden würde. Da die Cospektren bei der Darstellung über der Frequenz am hochfrequenten Ende gut übereinstimmen, würde man durch Einführung der Wellenzahl kein geschlosseneres Bild erhalten.

Der im Cospektrum sichtbare Abfall liegt bei labiler Schichtung bei Perioden von etwa 1 Minute, er dürfte sich bei stärkerer Labilität noch weiter zu längeren Perioden verschieben. Für eine Zerlegung im Bereiche verschiedener "scales" kommen daher als Grenze zwischen mittlerer und Zusatz-Bewegung Zeiten in der Größe von einigen lo Minuten in Frage. Die Darstellung der Cospektren zeigt weiter, daß in den betrachteten Fällen zur Bestimmung des vertikalen Impulsstromes Geräte erforderlich waren, die Schwankungen bis etwa lo Hz zu messen gestatten. Die cospektrale Dichte der Zerlegung von $\overline{u'w'}$ fällt übrigens mit wachsender Frequenz rascher ab als die spektrale Dichte der Vertikal-Komponente, wie zu erwarten ist.

3.2. Reibungskoeffizienten

Die in den Jahren 1965 und 1967 gewonnenen Messungen der Schubspannung und des Wärmestromes sind in der Tab. 3 zusammengestellt. Neben den in der Tabelle angegebenen Fällen liegen noch eine Anzahl weiterer Beobachtungen vor, insbesondere auch bei höheren Windgeschwindigkeiten (bis 22 m/sec), die jedoch noch nicht so weit durchgearbeitet sind, daß sie bereits verwendet werden können. Auch die im Jahre 1963 gewonnenen Beobachtungen [Hasse u.a. 1966] sind hier nicht mit aufgenommen, da sie wegen der seinerzeit unvollkommenen Registriertechnik *) und der geringen Registrierdauer (ca. 5 Minuten) wesentlich unsicherer sind als die neueren Messungen, die jeweils 2o bis 4o Minuten umfassen und mit einer wesentlich verbesserten Registrier- und Auswertetechnik gewonnen wurden.

---

*) Systematische Fehler sind nicht festgestellt worden, doch mußte z.B. die mittlere Windgeschwindigkeit mit Hilfe eines Schalenkreuzanemometers bestimmt werden. Der Einfluß der Bojenbewegung (vgl. 3.4.) wurde nicht berücksichtigt.

Tabelle 3: Direkte Messungen des Impuls- und Wärme-Stromes

	Tag/Nr.	Boje/ Gerüst Höhe [m]	Dauer [min]	$\bar{u}_{10}$ [m/sec]	ΔT [°C]	Wellenhöhe geschätzt [m]	u_* [cm/sec]	$\varkappa_{10}$ [10^{-3}]	H [$\frac{mcal}{cm^2 min}$]	$\bar{u}_{10}\,\Delta\Theta$ [$\frac{m}{sec}$ °C]	z/L_v
Apr. 1965	11/ 9	G 3,5	2o	3,91	1,2	o,o	lo,5	o,72	- 4,8	4,9	+o,lo3
	12/lo	G 3,5	17	4,62	2,3	o,2	13,6	o,86	- 6,2	lo,9	+o,o66
	11	B 3,5	2o	2,81	1,8	o,25	6,9	o,6o	-	5,2	(o,53)
	13	B 3,5	2o	3,76	2,o	o,3	lo,3	o,75	-	7,7	(o,25)
	16	G 3,5	2o	8,o8	1,4	o,3	25,4	1,oo	-18,6	11,7	+o,o31
	18	G 3,5	18	5,77	1,5	o,3	19,4	1,13	-	8,9	(o,o6)
Okt. 1967	2o/ 1	B 3,7	2o	lo,o8	o,8	o,6	32,7	1,o5	-25,6	8,6	+o,o16
	2	B 3,7	2o	9,32	1,1	o,7	3o,1	1,o5	-14,5	lo,7	+o,oo9
	3	B 3,7	2o	9,6o	1,1	o,9	27,4	o,82	-18,2	11,o	+o,o17
	23/ 4	G 3,5	3o	8,36	-1,6	o,6	26,o	o,96	2o,4	-13,o	-o,o39
	5 {	G 3,5	3o	8,24	-1,7	o,6	24,4	o,87	17,6	-13,6	-o,o43
		B 3,7	3o	8,88	-1,7	o,6	24,2	o,74	25,o	-14,7	-o,o59
	25/ 8	G 3,5	4o	8,85	-2,4	o,5	34,6	1,53	46,6	-2o,8	-o,o34
	9	G 3,5	2o	9,28	-2,3	o,5	36,5	1,55	37,2	-2o,9	-o,o27
	11	G 3,5	4o	8,2o	-2,4	o,7	32,2	1,54	41,7	-19,3	-o,o39
	17	G 2,7	4o	8,89	-o,3	o,8	3o,3	1,16	7,4	- 2,2	-o,o12
	18	G 5,3	3o	8,6o	-o,3	o,8	31,8	1,37	3,3	- 2,1	-o,oo7
	19	G 2,8	2o	9,88	-o,6	o,9	36,2	1,35	14,4	- 5,4	-o,o11
	26/ 1	G 5,4	4o	9,88	-o,3	1,o	37,1	1,41	8,8	- 2,5	-o,oo8
	2	G 5,4	2o	lo,11	o,o	1,o	36,9	1,33	- o,1	- o,5	-o,oo3
	3	G 2,8	2o	lo,74	o,4	1,2	39,o	1,32	- 3,4	4,8	-o,oo1
	4	G 2,9	4o	11,32	o,3	1,2	39,2	1,2o	o,9	4,o	-o,oo3
	5 {	G 5,5	35	lo,38	o,2	1,2	36,5	1,23	o,6	2,6	-o,oo3
		G 2,9	35	lo,57	o,2	1,2	36,5	1,19	3,o	2,6	-o,oo4

Da die Schubspannung (τ) näherungsweise proportional zum Quadrat der Windgeschwindigkeit ist, wird sie üblicherweise durch den Reibungskoeffizienten ($\varkappa$) ausgedrückt, der durch $\tau = \rho \varkappa \bar{u}^2$ definiert ist, wobei meist unter Annahme eines logarithmischen Windprofils auf lo m Höhe ($\varkappa_{lo}$) reduziert wird.

In der Abb. 3 sind die Reibungskoeffizienten in Abhängigkeit von der Windgeschwindigkeit (u_{lo}) in lo m Höhe dargestellt. Messungen auf dem Gerüst sind als Kreise, auf der Boje als Dreiecke eingezeichnet, volle bzw. offene Symbole kennzeichnen stabile oder labile Schichtung. Als Mittelwert der 18 Messungen auf dem Gerüst, die nicht durch Bojenbewegungen beeinflußt sein können, ergibt sich (bei $\bar{u}$ = 8,65 m/sec, z/L_v = o,ool)

$$\varkappa_{lo} \cdot lo^3 = 1,21 \pm o,24$$

Zum Vergleich sind Resultate von Smith [1967] und von Weiler und Burling [1967] als gestrichelte Geraden eingetragen, die ebenfalls unter Annahme eines logarithmischen Profils auf lo m Höhe reduziert wurden.

Es ergibt sich

$$\varkappa_{lo} \cdot lo^3 = 1,o3 \pm o,18 \quad \text{für Smith}$$

und

$$\varkappa_{lo} \cdot lo^3 = 1,31 \pm o,36 \quad \text{für Weiler und Burling}$$

ohne signifikante Änderung mit der Windgeschwindigkeit.

Die Messungen von Weiler und Burling wurden mit Hitzdrahtanemometern, die von Smith mit einem Thrust-Anemometer an einem Mast in bis zu 4 m tiefem Wasser durchgeführt. Benutzt wurden bei Smith [1967] nach seiner Abb. 11 nur die 8 Messungen, bei denen die exakte vertikale Orientierung des Gerätes offenbar gegeben war.

Von Zubkowskii und Kravschenko [1967] wurde aus direkten Messungen mit einem Schallanemometer eine leichte Zunahme der Reibungskoeffizienten mit der Windgeschwindigkeit gefolgert. Die in ihrer Arbeit veröffentlichten Zahlen ergeben einen Reibungskoeffizienten von

$$\varkappa_{lo} \cdot lo^3 = 1,83 \pm o,84$$

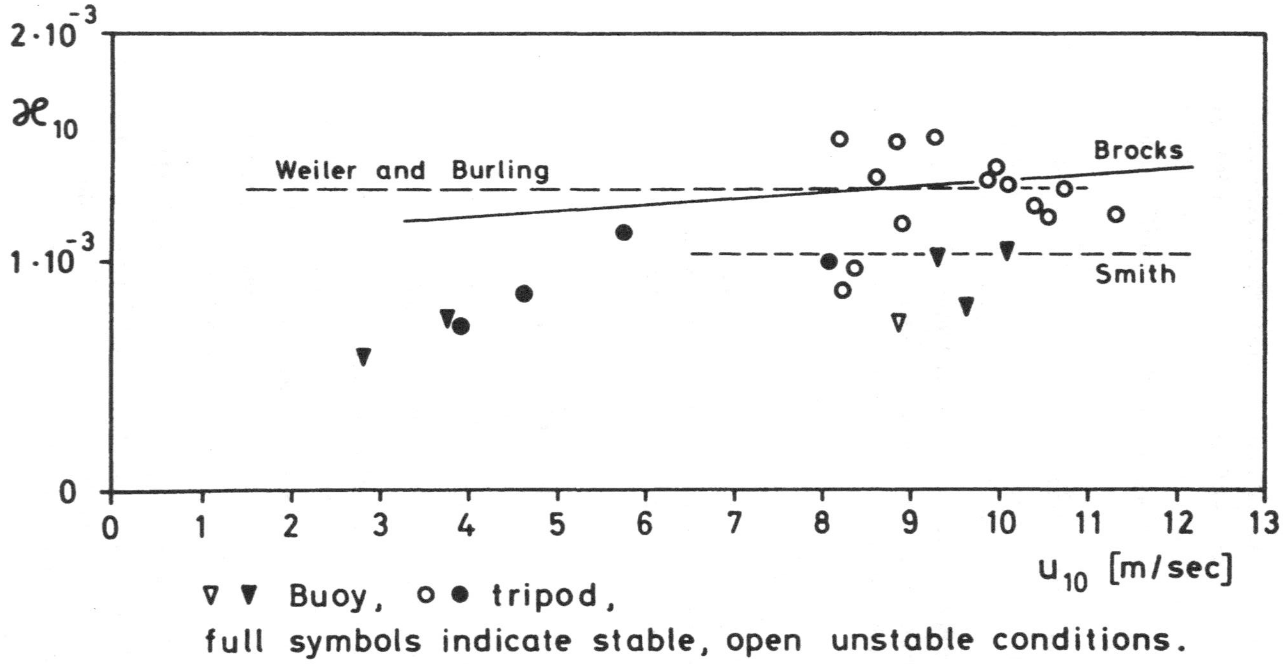

Abb. 3: Abhängigkeit der auf lo m Höhe reduzierten Reibungskoeffizienten von der mittleren Windgeschwindigkeit in lo m Höhe. Die Ergebnisse unserer direkten Messungen auf Gerüst (○●) und Boje (▽▼) sind nach stabiler (●▼) und labiler (○▽) Schichtung unterschieden. Ergebnisse direkter Messungen von Smith [1967] und Weiler und Burling [1967] sind als gestrichelte Geraden, Ergebnisse der Profilmessungen bei neutraler Schichtung von Brocks [1969] durch eine ausgezogene Gerade angegeben.

für Windgeschwindigkeiten von 3 bis 9 m/sec, der im Rahmen der auffällig großen Streuung (s. Abb. 4) als konstant angesehen werden muß, wenn man nicht auf eine Abnahme mit wachsender Windgeschwindigkeit schließen will. Stewart hat darauf hingewiesen, daß das Anwachsen des Korrelationskoeffizienten zwischen u und w mit der Windgeschwindigkeit, wie von Zubkowskii und Kravschenko [1967] angegeben, auf Einflüsse von Bojenschwankungen schließen ließe, so daß diese Beobachtungen unberücksichtigt bleiben sollten.

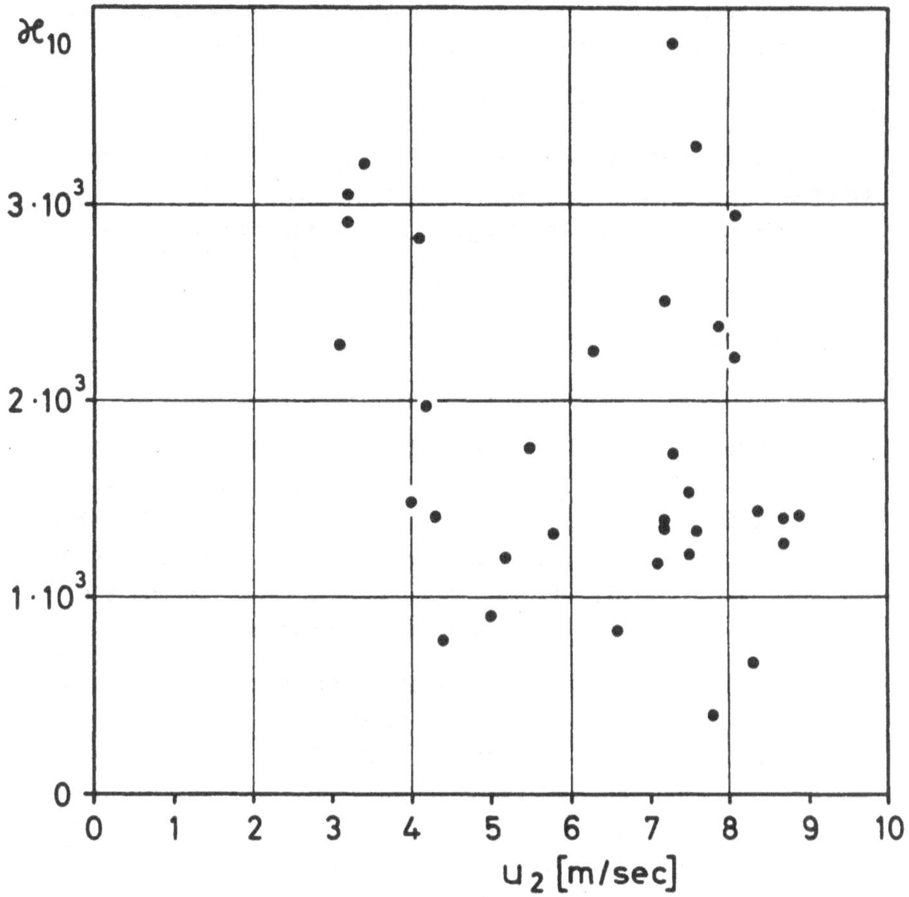

Abb. 4: Abhängigkeit der auf 1o m Höhe reduzierten Reibungskoeffizienten von der Windgeschwindigkeit in 2 m Höhe nach Zubkovskii und Kravchenko [1967]

Zum Vergleich können jedoch Profilmessungen herangezogen werden, die von Brocks [1969] auf Nord- und Ostsee gewonnen wurden. Es sind dabei nur solche Profilmessungen der Windgeschwindigkeit berücksichtigt worden, bei denen die mit Hilfe gleichzeitig gemessener Temperatur- und Dampfdruck-Profile berechnete (virtuelle) Gradient-Richardson-Zahl neutrale Verhältnisse anzeigte. Für diese Windprofile wurden mit Hilfe des Prandtlschen Ansatzes (Karmankonstante = o,4) die Reibungskoeffizienten berechnet, die in Abhängigkeit von der Windgeschwindigkeit durch eine ausgleichende Gerade in der Abb. 3 eingezeichnet sind. Als Mittelwert der 92 Profile ergibt sich

$$\varkappa_{lo} \cdot lo^3 = 1,29 \pm o,21$$

Die angegebene Standard-Abweichung beruht nur zu einem geringen Bruchteil auf dem Anstieg mit der Windgeschwindigkeit. Die ausgleichende Gerade dieser Profilmessungen läßt sich schreiben als

$$\varkappa_{lo} \cdot lo^3 = 1,lo + o,o26\ \bar{u}_{lo}\ [m/sec]$$

verglichen mit Deacon [1962b]:

$$\varkappa_{lo} \cdot lo^3 = 1,lo + o,o4\ \bar{u}_{lo}\ [m/sec]$$

Bei Betrachtung der Abb. 3 ist zu berücksichtigen, daß die aus direkten Messungen bestimmten Reibungskoeffizienten auch bei nicht-neutraler Schichtung gewonnen wurden. Da sich Beobachtungen mit verschiedener Stabilität nicht gleichmäßig auf die Windgeschwindigkeitsbereiche verteilen, kann eine Abhängigkeit der Reibungskoeffizienten von der Stabilität eine Abhängigkeit von der Windgeschwindigkeit vortäuschen.

Die Beobachtungen wurden daher als Funktion von z/L_v aufgetragen (Abb. 5). Es ergibt sich, daß bei labiler Schichtung vorwiegend größere Reibungskoeffizienten, bei stabiler Schichtung kleinere Reibungskoeffizienten beobachtet wurden. Ein Teil dieser Abhängigkeit könnte durch das Anwachsen der Reibungskoeffizienten mit der Windgeschwindigkeit vorgetäuscht sein. Das ist aber offenbar nicht der ausschlaggebende Effekt. Betrachtet man das aus den Profilmessungen von Brocks abgeleitete Anwachsen der Reibungskoeffizienten bei neutraler Schichtung um $o,o26 \cdot lo^{-3}$ pro m/sec Windgeschwindigkeit als auch für andere Schich-

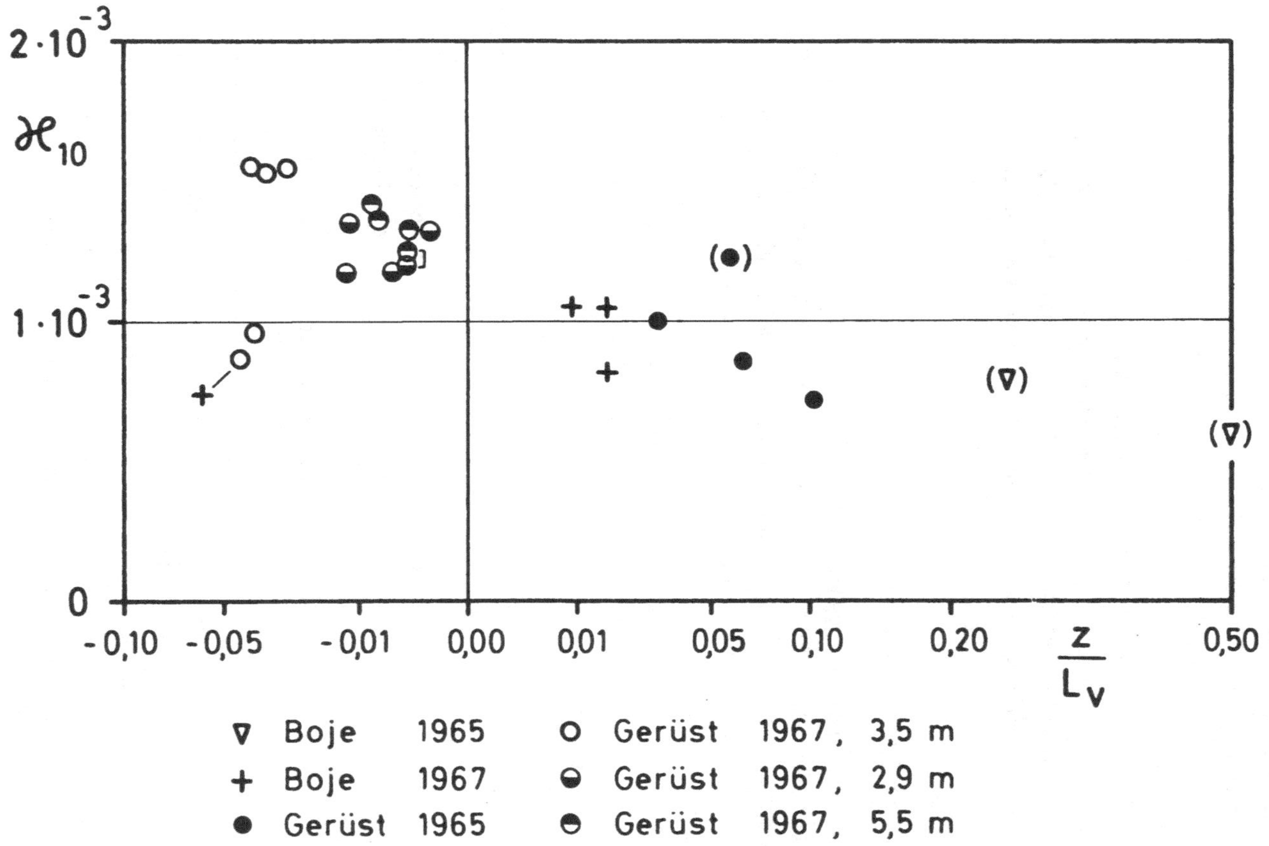

Abb. 5: Abhängigkeit der Reibungskoeffizienten von der Stabilität der Schichtung
(L_V ist die Monin-Obuchow-Länge, s. S. 3o)

tung gültig und reduziert man damit auf eine einheitliche Windgeschwindigkeit, so ergeben sich nur verhältnismäßig geringe Änderungen. Selbst eine Korrektur der Reibungskoeffizienten um $0{,}04 \cdot 10^{-3}$ pro m/sec [nach Deacon] würde den Unterschied der Werte bei stabiler und labiler Schichtung nicht zum Verschwinden bringen. Das kann man auch in Abb. 3 sehen, in der Messungen bei stabiler Schichtung durch ausgefüllte Symbole gekennzeichnet sind. Es ist jedoch die Auswertung weiterer Beobachtungen erforderlich, um die Abhängigkeit der Reibungskoeffizienten von der Schichtung genauer festzulegen.

3.3. Vertikaler Wärmestrom

Die gemessenen vertikalen Wärmeströme $H = +c_p \rho \overline{w'T'}$ sind in Abb. 6 als Funktion des Produktes $\bar{u}_{10} \Delta\Theta$ dargestellt, wobei $\Delta\Theta$ die potentielle Temperaturdifferenz zwischen Luft (rund 5 m Höhe) und Wasser (rund 1 m Tiefe) bedeutet. Die Symbole sind dieselben wie in Abb. 5. Die nach der Methode der kleinsten Quadrate berechnete lineare Regression von H auf $\bar{u}\Delta\Theta$ ist als ausgezogene Gerade eingezeichnet; zur Veranschaulichung auch die entsprechende lineare Regression von $\bar{u}\Delta\Theta$ auf H als gestrichelte Gerade. Aus der Neigung der ersteren erhält man für den durch $H = -c_p \rho c_H \bar{u} \Delta\Theta$ definierten Wärmetransportkoeffizienten c_H den Wert

$$c_H = 0{,}96 \cdot 10^{-3}$$

Die Streuung der Wärmestromwerte um die ausgleichende Gerade beträgt 5,3 mcal/cm^2 min. Der sich für $\bar{u}\Delta\Theta = 0$ ergebende kleine aufwärts gerichtete Wärmestrom von 2,9 mcal/cm^2 min liegt damit deutlich innerhalb des Streubereiches. An und für sich stehen zur Erklärung eines kleinen Restwärmestromes bei $\bar{u}\Delta\Theta = 0$ theoretische Überlegungen zur Verfügung. Ehe aber an eine Interpretation herangegangen wird, müßten die Beobachtungen so weit vermehrt sein, daß eine getrennte Ausgleichung für $\Delta\Theta < 0$ und $\Delta\Theta > 0$ möglich ist, da zumindest damit gerechnet werden muß, daß c_H ähnlich wie $\varkappa$ bei labiler Schichtung größer ist als bei stabiler. In diesem Falle ergibt die Ausgleichung im H, $\bar{u}\Delta\Theta$-System durch eine Gerade für alle Stabilitäten zu kleine Werte von c_H und eine

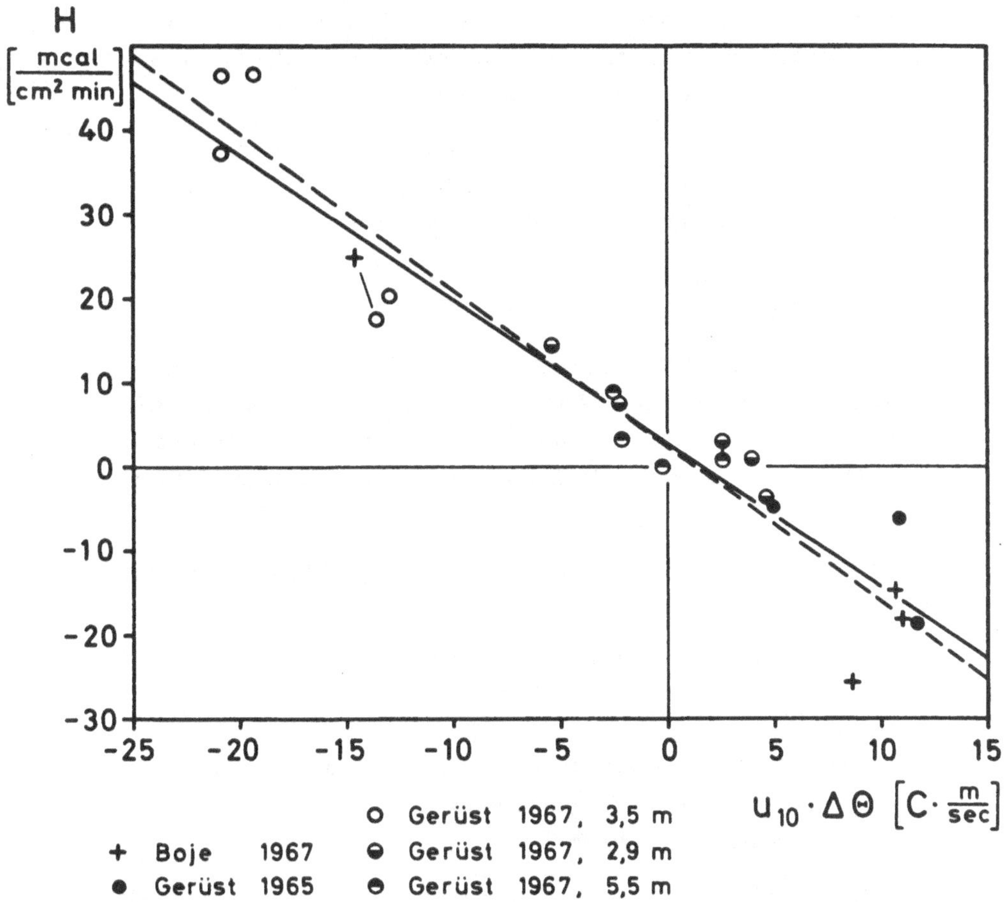

Abb. 6: Der vertikale Wärmestrom $H = \rho c_p \overline{w'T'}$ als Funktion des Produktes $\bar{u}\,\Delta\Theta$. Die ausgezogene Gerade gibt die Regression von H auf $\bar{u}\,\Delta\Theta$, die gestrichelte Gerade die Regression von $\bar{u}\,\Delta\Theta$ auf H

systematische Verfälschung von H bei $\bar{u}\,\Delta\Theta = 0$ in dem beobachteten Sinne. Wenn genügend Daten vorliegen, wäre es sinnvoll, H als Funktion von $\bar{u}\,\Delta\Theta$ bei festem z/Lv zu untersuchen.

Abgesehen von diesen Feinheiten dürfte die Parametrisierung des Wärmestromes mit dem mittleren Wert von $c_H = 1 \cdot 10^{-3}$ im Rahmen der angegebenen Streuung brauchbare Resultate ergeben.

3.4. Genauigkeit der Messungen

In den vorangegangenen Abschnitten sind zu den abgeleiteten Mittelwerten jeweils Streuungen*) angegeben worden, um einen Anhaltspunkt für die Aussagekraft der Mittelwerte zu erhalten und insbesondere deutlich zu machen, mit welcher Streuung bei einer Parametrisierung gerechnet werden muß.

Diese Streuung ist ein Resultat verschiedener zufälliger und systematischer Einflüsse, z.B.:

1) Turbulente Schwankungen längerer Periode

2) Variation der Parameter

3) Vernachlässigung systematischer Einflüsse z.B. der Abhängigkeit von der Stabilität und der Windgeschwindigkeit bei Angabe eines mittleren Reibungskoeffizienten

4) Ungenauigkeit des Meß- und Registrierverfahrens, z.B. durch Änderung der Eichkurven bei längerem Einsatz auf See

5) Systematische Verfälschung z.B. durch Bojenbewegung

Eine gewisse Unsicherheit wird verursacht durch die Empfindlichkeit der

*) Die angegebenen Werte sind die Standard-Abweichungen. Zur Illustration: bei einem hinreichend großen, normalverteilten Kollektiv liegen 68,2% der Beobachtungen im Bereich $\bar{x} \pm \sigma$ und 95,4% im Bereich $\bar{x} \pm 2\,\sigma$.

Hitzdrahtanemometer, z.B. gegen Salzanlagerungen während des Einsatzes in der Seeatmosphäre. Eine Abschätzung der dadurch auftretenden Fehler ist durch den Vergleich simultaner Messungen mit zwei verschiedenen, für sich geeichten Meßköpfen möglich. Solche Messungen wurden 1967 durchgeführt; in dem hier vorgelegten Material sind zwei Fälle (23/5 und 26/5) enthalten, bei denen gleichzeitig entweder auf Gerüst und Tonne (bei etwa 3oo m horizontalem Abstand) oder auf dem Gerüst in zwei Höhen (2,9 und 5,5 m) übereinander gemessen wurde.

Tab. 3 zeigt, daß die gemessenen Schubspannungen (siehe Spalte u_*) übereinstimmen, die vertikalen Wärmeströme und die auf lo m Höhe reduzierten mittleren Windgeschwindigkeiten jedoch Abweichungen zeigen. Durch die Abweichungen der Windgeschwindigkeiten unterscheiden sich auch die aus der Schubspannung berechneten Reibungskoeffizienten. Die jeweils zusammengehörigen Wertepaare sind in den Abb. 3, 5 und 6 durch kleine Striche verbunden, wodurch man ein anschauliches Maß für die Zuverlässigkeit der Messungen erhält. Eine detailliertere Untersuchung der gleichzeitig an zwei Punkten gewonnenen Messungen soll einer ausführlicheren Bearbeitung vorbehalten bleiben [Dunckel 1969].

In den Diskussionen auf internationalen Tagungen ist verschiedentlich der Einwand erhoben worden, daß Bojenmessungen unzuverlässig seien. Diese Vorstellungen rühren mit daher, daß zum Teil für Fluktuationsmessungen Bojen benutzt wurden, die nur gewichtsstabil sind. Dabei wird man Neigungs-Schwankungen nicht ganz vermeiden können, die durch den schrägen Einfall des Windes auf das Meßgerät einen scheinbaren Vertikalwind vortäuschen. So kann ein erheblicher Beitrag zum Impulsfluß hervorgerufen werden, der ja aus der Korrelation von Horizontal- und Vertikalkomponente des Windes berechnet wird.

Es sind in Abb. 4 die Beobachtungen von Zubkovskii und Kravchenko wiedergegeben worden, um diesen Effekt, der sich in einer erheblichen Streuung ausprägt, sichtbar zu machen. Das erschien erforderlich, um zu zeigen, wodurch die merklichen Unterschiede in den Ergebnissen direkter Messungen verschiedener Autoren mit hervorgerufen werden und warum Fluktuationsmessungen auf Bojen ohne Neigungsstabilisierung, wie sie auch von amerikanischen Forschern [Fleagle u.a. 1967] angestellt wurden, als unzuverlässig gelten.

Dieser Vorbehalt gegenüber Bojenmessungen ist in unserem Falle nicht berechtigt. Bei Benutzung des servostabilisierten Mastes treten nur kleinere, kurzzeitige Abweichungen ($\leq 1^{\circ}$) von der Vertikalen auf, die als zufällig anzusehen sind. Bei Messungen auf See ist jedoch eine Justierung nicht so genau möglich, daß nicht im Mittel eine Vertikalkomponente des Windes ungleich Null auftreten könnte, die einen Beitrag zum gesamten Impulsfluß vortäuschen würde. Wir setzen daher bei der Auswertung voraus, daß der Mittelwert des Vertikalwindes über etwa 2o Minuten gleich Null ist. Diese Annahme ist plausibel, denn es ist schwer zu sehen, welcher Mechanismus in geringer Höhe über Wasser über längere Zeit z.B. einen Aufwind hervorrufen sollte an einem Punkt, der unabhängig von der mittleren Luftströmung driftet bzw. steht. Die Annahme wird auch durch die gemessenen Vertikalwindspektren bestätigt (Abb. 1), die zeigen, daß je nach der Schichtung die Schwankungen bei o,oo5 bis o,o2 Hz verschwinden. Dagegen bedeutet die Annahme $\bar{w} = 0$ bei Mittelung über 2o Minuten einen Hochpaßfilter, der längere Perioden abschneidet, aber bereits bei der Frequenz $0,8 \cdot 10^{-3}$ Hz die Schwankungen voll durchläßt.

Es ist ferner zu beachten, daß sich kein auffälliger systematischer Unterschied zwischen den Messungen ergibt, die auf Gerüst und Boje gewonnen wurden. Der Vergleich der bei verschiedener Windgeschwindigkeit und Stabilität gemessenen Reibungskoeffizienten (Abb. 3 und 5) zeigt, daß die Unterschiede etwa 2o% erreichen können.

Sofern man die beiden bei o,2 und o,3 Hz im Cospektrum von Fall 12/11 sichtbaren Einbrüche (siehe Abb. 2) auf den Einfluß von Bojenbewegungen zurückführen will, ergibt sich nur eine Verfälschung von etwa lo%. Das wird plausibel, wenn man bemerkt, daß sich das Cospektrum über ein breites Frequenzband erstreckt, etwa o,o2 bis 5 Hz, während das Seegangsspektrum in der Regel wesentlich schmaler ist. Überdies konnte die Boje den Wellenbewegungen an der Oberfläche nicht frei folgen, da sie eine vertikale Ausdehnung von 8 m besaß und durch ein Schleppseil gefesselt war.

Es ist allerdings nicht sicher, daß die beiden Einbrüche in dem auf der Boje gemessenen Cospektrum 12/11 überhaupt auf Bojenbewegungen*) zurückzuführen sind, da auch das auf dem Gerüst gemessene Cospektrum 25/8 einen ähnlichen Einbruch bei den Seegangsfrequenzen aufweist. Die Analyse des bereits erwähnten Falles 23/5 ergab zwar eine erhebliche Verfälschung der auf der Boje gemessenen cospektralen Energie im Bereich der Seegangsfrequenzen (von 18% der gesamten, unverfälschten Covarianz), jedoch nur einen geringen Unterschied in der Schubspannung gegenüber der gleichzeitigen Messung auf dem Gerüst, so daß offenbar die Unterschiede zum Teil unsystematischer Art sind.

Die statistische Sicherheit der Spektralwerte kann nach Blackman and Tukey [1958 S. 22] abgeschätzt werden. Bei den betrachteten Spektren war die Anzahl der äquivalenten Freiheitsgrade ≥ 24. Dafür sind die Vertrauensgrenzen, die in 10% der Fälle unter- bzw. in 10% der Fälle überschritten werden, 0,65 bzw. 1,4, bezogen auf das statistische Mittel des Spektralwertes. Diese Betrachtung ist jedoch bei der Untersuchung des Abfalls am langperiodischen Ende nicht allein aussagekräftig, da dort die Spektralwerte (wegen des zwangsläufigen spektralen "Fensters") durch die Schwankungen längerer Periode ("Trends") beeinflußt werden. Eine Absicherung kann nur durch Analyse noch längerer Registrierungen erfolgen oder Mittelung mehrerer Spektren bei Hochpaßfilterung.

Bei der Berechnung der Reibungskoeffizienten besteht eine prinzipielle Schwierigkeit durch das Vorhandensein von Schwankungen des Horizontalwindes mit längerer Periode. Der Reibungskoeffizient $\varkappa$ wird gewöhnlich durch

(10 a) $$\tau = \rho \varkappa \bar{u}^2$$

definiert. Da sich τ aber näherungsweise wie u^2 verhält, müßte man eigentlich

*) Bei den neueren Messungen wird neben der Vertikalbeschleunigung auch die Horizontalbeschleunigung der Boje gemessen, um die Bojengeschwindigkeiten bestimmen zu können. Im Oktober 1967 war die Messung der Vertikalbeschleunigung ausgefallen. Sämtliche Bojenmessungen sind nicht wegen translatorischer Bojenbewegungen korrigiert.

(18) $$\tau = \rho c_u \overline{u^2}$$

definieren. Zerlegt man u wieder in $\bar{u} + u'$, so ergibt sich

(19) $$\tau = \rho c_u (\bar{u}^2 + \sigma_u^{\,2}) \; ,$$

wobei

$$\sigma_u^{\,2} = \overline{u'^2} \; .$$

Die Streuung des Horizontalwindes wird in der Regel mit der Registrierdauer wachsen, so daß eine Festlegung des Mittelungszeitraumes erforderlich ist, um eine Vergleichbarkeit zu gewährleisten, wenn man von (lo a) ausgeht, worauf man im Hinblick auf eine Parametrisierung nicht wird verzichten können. Über Land ist σ_u etwa $2u_*$ bis $3u_*$ [Lumley - Panofsky 1964 S. 155], so daß $\sigma_u^{\,2}/\bar{u}^2 \sim$ o,ol. Bei unseren Messungen ergab sich (für 2o Minuten Registrierdauer) als ein relativ hoher Wert in Fall 12/13 - 1965 $\sigma_u^{\,2}/\bar{u}^2 =$ o,o4, sonst war $\sigma_u^{\,2}/\bar{u}^2 \leq$ o,ol.

3.5. Ergebnisse der Ageostrophischen Methode

Im Teil 2 wurde bereits darauf hingewiesen, daß die Ageostrophische Methode eine willkommene Möglichkeit bietet, den Bereich der Beobachtungen über die wassernahe Luftschicht hinaus auszudehnen und über die Höhenabhängigkeit des Austauschkoeffizienten Aussagen zu gewinnen. Hierfür stehen insbesondere die Arbeiten von Lettau [1958] und Lettau und Hoeber [1964] zur Verfügung, bei denen der geostrophische und thermische Wind aus dem gemessenen Windprofil abgeleitet wurde, wodurch sich eine wesentlich höhere Genauigkeit als bei der Bestimmung aus Luftdruckgradienten ergibt [um den Faktor 5 nach Lettau 1958]. Bei den 4 verwendeten Profilen handelt es sich um Mittelwerte aufeinander folgender Aufstiege, mit Scilly I und II und Helgoland I und II bezeichnet. Die Austauschkoeffizienten wurden als

(2o) $$A = \sqrt{\tau_{xz}^{\,2} + \tau_{yz}^{\,2}} \Big/ \sqrt{\left(\frac{\partial \bar{u}}{\partial z}\right)^2 + \left(\frac{\partial \bar{v}}{\partial z}\right)^2}$$

berechnet. Diese Berechnung ist sinnvoll, wenn man einen skalaren *)

*) oder von der Windrichtung unabhängigen

Austauschkoeffizienten voraussetzt; es wird damit vermieden, daß durch das Verschwinden der vertikalen Gradienten einer Windkomponente unbestimmte Austauschkoeffizienten auftreten.

Es sei in diesem Zusammenhang auf die Schwierigkeiten hingewiesen, die bei der Berechnung von Austauschkoeffizienten aus

$$\tau_{xz} = A_{uz} \frac{\partial \bar{u}}{\partial z} \quad \text{oder} \quad \tau_{yz} = A_{vz} \frac{\partial \bar{v}}{\partial z}$$

entstehen, wenn Mittelwerte über Messungen bei unterschiedlichen Bedingungen gebildet werden. Es wird dann ein Mittelwert $\tilde{A}$ von A in etwa nach folgendem Schema berechnet:

$$(21) \qquad \overline{\tau}_{xz} = \overline{A \cdot \frac{\partial \bar{u}}{\partial z}} = \tilde{A} \cdot \overline{\frac{\partial \bar{u}}{\partial z}}$$

$\tilde{A}$ ist also nicht gleich dem arithmetischen Mittelwert der Austauschkoeffizienten. Das kann z.B. kritisch werden, wenn in einer Komponente im Mittel die vertikalen Gradienten des Windes nahezu verschwanden, der berechnete Austauschkoeffizient kann dann beträchtlich verfälscht sein. Das dürfte z.B. für die aus den mittleren "Anegada"-Profilen [Charnock, Francis and Sheppard 1958] abgeleiteten Austauschkoeffizienten gelten, die von Roll [1965 Fig. 67, S. 2o9] wiedergegeben wurden, da die einzelnen Tagesmittel der Aufstiege durchaus verschiedenen Charakter zeigen.

Es werden daher im folgenden nur die Auswertungen der oben erwähnten 4 Profil-Serien benutzt, die bei etwa gleichbleibender Wetterlage gewonnen wurden. Lettau und Hoeber weisen darauf hin, daß nur in den unteren Höhen $\partial\bar{u}/\partial z$ und $\partial\bar{v}/\partial z$ einigermaßen zuverlässig belegt sind, so daß die abgeleiteten Werte in den größeren Höhen, besonders beim Helgoland-II-Profil, als nicht reell angesehen werden können. Ein ähnliches Versagen würde man auch finden, wenn der thermische Wind in den oberen Schichten verschieden wäre von dem in den unteren Schichten.

Die Austauschkoeffizienten sind in Abb. 7 oben dargestellt. In Abb. 7 unten wurden sie mit Hilfe des Betrags (V_g) des geostrophischen Windes in 5oo m Höhe normiert, da man zumindest bei gleicher Stabilität eine

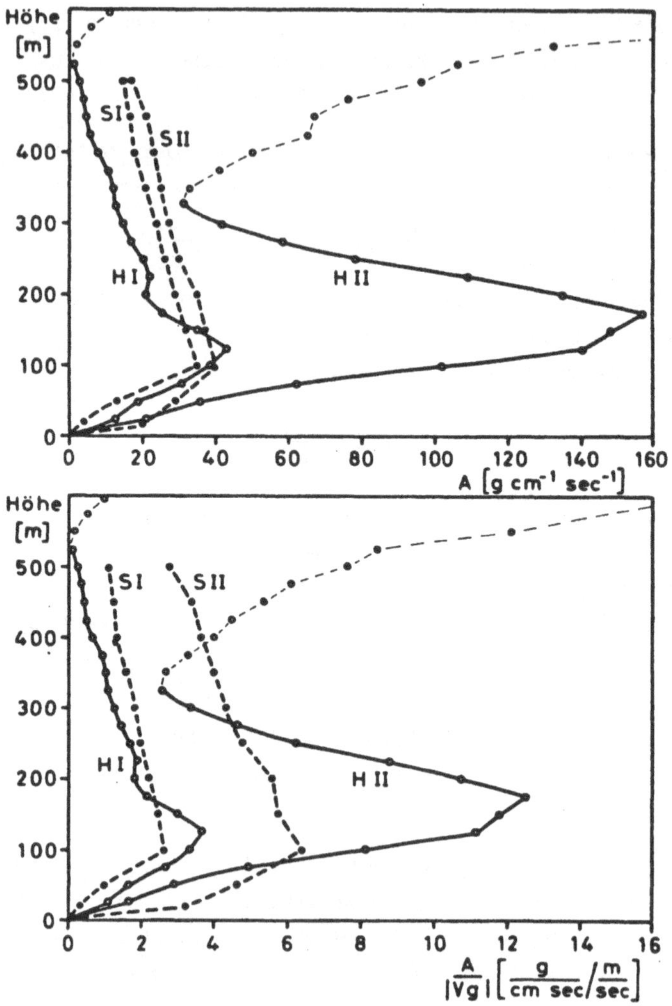

Abb. 7: Höhenabhängigkeit der Austauschkoeffizienten aus den Windprofilen Scilly I und II (S I, S II) und Helgoland I und II (H I, H II) nach Lettau [1958] und Lettau und Hoeber [1964]. Im oberen Teil sind die Austauschkoeffizienten direkt, im unteren Teil normiert mit dem Betrag (Vg) des geostrophischen Windes in 500 m Höhe dargestellt

ungefähre Proportionalität des Austauschkoeffizienten zur Windgeschwindigkeit erwarten kann. Die mit I bezeichneten Profile wurden bei leichter Stabilität, die mit II bezeichneten bei mäßiger Instabilität in der wassernahen Luftschicht gewonnen, siehe Tab. 4 (ausführlichere Angaben in den Originalveröffentlichungen).

Man sieht an den normierten Austauschkoeffizienten den Einfluß der Stabilität besser; ohne die Normierung liegen die Kurven "Scilly I" und "II" dicht beieinander. Man muß jedoch feststellen, daß auch bei annähernd gleichen Verhältnissen (wenn man diese etwa durch ΔT und $\bar{u}_{10}$ oder u_g definiert) erhebliche Unterschiede in dem Verlauf der Kurven auftreten, die eine Parametrisierung mit Hilfe von angenommenen Austausch-Höhenfunktionen zunächst als nicht zweckmäßig erscheinen lassen.

Die durch Reibung erzeugte Abweichung des tatsächlichen Windes von dem geostrophischen Wind bedingt in den unteren 3oo bis 5oo m der maritimen Grenzschicht ein Einströmen der Luft in die Gebiete niedrigeren Luftdruckes. In Abb. 8 ist die mit der Dichte multiplizierte isobarensenkrechte Komponente des ageostrophischen Windes (M_h) als Funktion der Höhe dargestellt, so daß das Integral über die von der Kurve eingeschlossene Fläche den gesamten anisobaren Massenfluß (M) ergibt. Dieser zeigt (siehe Tab. 4 letzte Zeile) bei den 4 Profilen einen verhältnismäßig engen Zusammenhang mit der Schubspannung am Boden (ℓ Coriolis-Parameter):

$$\ell \cdot M / \tau_o = 1{,}o1 \pm o{,}14$$

Ein gewisser Zusammenhang ist wegen

$$M = \int_o^h \rho \, |\mathbf{v} - \mathbf{v}_g| \, \sin(\mathbf{v} - \mathbf{v}_g, \mathbf{v}_g) \, dz \qquad (22)$$

und

$$\tau_{xz}(O) - \tau_{xz}(z_1) = \int_o^{z_1} \rho \ell (v - v_g) \, dz$$

$$(23)$$

$$\tau_{yz}(O) - \tau_{yz}(z_2) = \int_o^{z_2} \rho \ell (u_g - u) \, dz$$

Tabelle 4: Ageostrophische Methode
Daten zu den Scilly- und Helgoland-Profilen
von Lettau [1958] und Lettau und Hoeber [1964]

		Scilly		Helgoland		
		I	II	I	II	
Geostrophischer Wind am Boden (2o bzw. 25 m)	u_{go}	12,19	6,56	lo,95	12,7o	m/sec
Geostrophischer Wind in 5oo m	$u_{g\,5oo}$	13,2o	6,26	11,73	12,53	m/sec
Temperaturdifferenz Luft - Wasser	ΔT	+o,5	-1,8	+o,5	-1,4	C
Winkelabweichung des Bodenwindes vom geostrophischen Wind	α_o	13,9°	9,5°	9,5°	11,2°	
Bodenwind, auf lo m Höhe reduziert	$\bar{u}_{lo}$	7,61	5,36	8,55	lo,35	m/sec
Verhältnis Wind zu geostrophischem Wind am Boden	$\frac{\bar{u}_{lo}}{u_{go}}$	o,62	o,82	o,78	o,82	
Bodenschubspannung	τ_o	o,92	o,29	o,59	o,91	dyn/cm^2
Reibungskoeffizient	$\varkappa_{lo}$	1,21	o,83	o,67	o,71	$\cdot lo^{-3}$
Anisobarer Massenfluß	M	7,38	2,68	4,92	9,56	$\frac{\cdot lo^{-3} g}{cm\,sec}$
Verhältnis ℓ x Massenfluß zu Bodenschubspannung	$\frac{M \cdot \ell}{\tau}$	o,89	o,92	o,98	1,24	

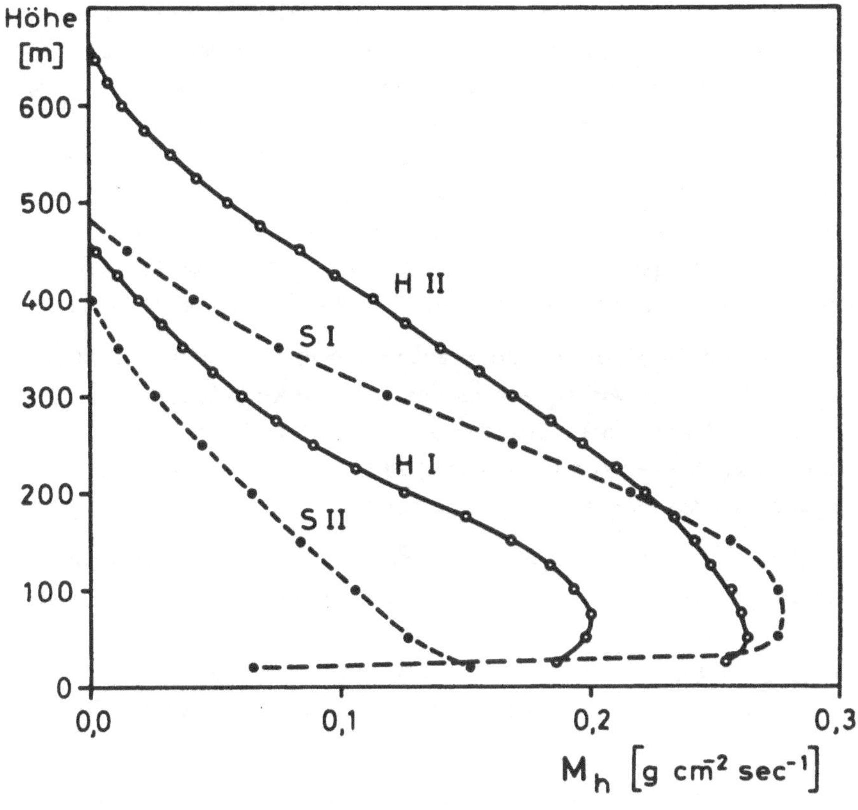

Abb. 8: Ageostrophischer Massenfluß (M_h) pro Höhenintervall ($gr/cm^2 sec$) nach Lettau [1958] : Scilly I und II (S I, S II) und Lettau und Hoeber [1964]: Helgoland I und II (H I, H II)

auch zu erwarten. Legt man die x-Richtung in Richtung der Bodenschubspannung (d. h. $\tau_{yz}(O) = O$) und verschwindet τ_{xz} in der Höhe z_1, so sieht man, daß zur Bodenschubspannung nur die y-Komponente des Differenzvektors beiträgt, während zum anisobaren Massenfluß wegen der abweichenden Richtung des geostrophischen Windes auch die x-Komponente beiträgt. Die Höhe h ist dabei diejenige Höhe, in der der Massenfluß verschwindet. Bei der Ekman-Spirale tritt in der Höhe noch ein kleinerer Beitrag in entgegengesetzter Richtung auf. Dieser Effekt konnte hier, wegen der Unsicherheit der Werte in größeren Höhen, nicht erfaßt werden.

Eine Beziehung zwischen Bodenschubspannung und anisobarem Massenfluß ist insofern wichtig, als hier eine direkte Koppelung von "small-scale" und "large-scale" Prozessen vorliegt. Die in der Reibungsschicht in ein Tiefdruckgebiet einströmende Luft muß ja entweder oben wieder ausströmen oder zu einem Auffüllen führen.

Die Streuung dieser Beziehung (4 Fälle!) ist geringer als der unterschiedliche Verlauf der Austauschkoeffizienten mit der Höhe vermuten läßt. Das ist zwar formal leicht zu erklären, da τ und M aus dem Windprofil durch Integration entstehen, während bei A die Ableitung des Windprofils entscheidend eingeht, ist aber doch von praktischem Interesse.

Leider darf dieses Ergebnis nicht voreilig verallgemeinert werden. Auf jeden Fall stellen die benutzten Profilserien eine systematische Auswahl in Bezug auf die Bewölkung dar; es wurden außerdem einigermassen stationäre Fälle herausgesucht, um die zeitliche Mittelung zu ermöglichen.

Allgemein wird man damit rechnen müssen, daß Beziehungen, die mit Hilfe des Austausch-Ansatzes abgeleitet werden und also Vermischung voraussetzen, bei stabiler Schichtung mit kräftigen Inversionen in Bodennähe nicht gelten. Schriever [1966] hat ein Beispiel angegeben, bei dem die übliche Schubspannungsspirale erst an einer Inversion in 15o m Höhe über Wasser ansetzt, während in der darunterliegenden Schicht die Schubspannung gering ist.

Man kann noch die Beziehung für die Schubspannung nach der ageostrophischen und der parametrischen Methode vergleichen: Legt man die u-Komponente des Windes in Richtung der Bodenschubspannung, so hat man für die Schubspannung τ_o am Boden

$$(23) \qquad \tau_o - \tau_{xz}(z_1) = \int_o^{z_1} \rho \ell (v - v_g)\, dz$$

Zur Veranschaulichung sei angenommen, daß es eine Höhe z_1 gibt, in der τ_{xz} verschwindet, und werde etwa

$$(24) \qquad v_g = v_g(O) + z\, \partial v_g / \partial z$$

gesetzt, $\partial v_g/\partial z$ thermischer Wind. Dann ergibt sich

$$(25) \qquad \tau_o = \int_o^{z_1} \rho \ell [v - v_g(O) - z \cdot \frac{\partial v_g}{\partial z}]\, dz$$

Andererseits ist

$$(\text{lo a}) \qquad \tau_o = \rho \varkappa \bar{u}^2$$

wobei in der wassernahen Luftschicht nicht zwischen der Windkomponente in Richtung des Schubspannungsvektors und dem Betrag der Windgeschwindigkeit unterschieden zu werden braucht. Der Vergleich der beiden Formeln zeigt, daß der Zusammenhang zwischen Bodenwindstärke und Betrag des geostrophischen Windes am Boden auch durch die Verhältnisse in der Reibungsschicht beeinflußt wird.

4. Parametrisierung der vertikalen Transporte in der maritimen Reibungsschicht

4.1. Prinzipielle Überlegungen

Für die Probleme der allgemeinen Zirkulation und die numerische Vorhersage ist, wie eingangs erwähnt, eine Parametrisierung der Transporte nicht nur in der wassernahen Luftschicht sondern möglichst in der gesamten Reibungsschicht erforderlich.

Es ist nicht von vornherein sicher, daß eine Parametrisierung mit ausreichender Genauigkeit möglich ist. Die gesuchten Größen sind von der Turbulenz der Atmosphäre abhängig und Turbulenz ist wesentlich zufällig, irregulär. Die natürlichen (nicht durch Beobachtungsfehler hervorgerufenen) Streuungen könnten so groß sein, daß eine Parametrisierung sinnlos wird. Führt man z.B. eine mit starker Streuung behaftete parametrisierte Größe zur Vervollständigung in ein Vorhersage-Modell ein, so wird man zwar im Mittel eine bessere Vorhersage erhalten. Trotzdem kann es geschehen, daß die dynamisch wesentlichen Fälle nicht besser erfaßt werden, weil diese gerade mit stärkeren Abweichungen vom Erwartungswert verbunden sind, während die abgeleiteten empirischen Beziehungen den normalen Fall einer ausgeglichenen Entwicklung wiedergeben.

Die Aussagen über die Turbulenzstruktur in der Luftschicht über dem Meer werden noch dadurch erschwert, daß die Meeresoberfläche nur eine räumlich-zeitliche statistische Beschreibung zuläßt und eine Wechselwirkung zwischen atmosphärischer Turbulenz und Seegang besteht. Es ist dabei zu berücksichtigen, daß der Seegang nicht als lokales Phänomen beschrieben werden kann, da die Wellen aus ihrem Entstehungsgebiet herauslaufen und noch lange nach ihrer Entstehung in anderen Gebieten bemerkt werden können.

Nach K. Hasselmann (Diskussionsbemerkung) ist es wegen der Wechselwirkungen hoffnungslos, eine Parametrisierung der turbulenten Transporte in der wassernahen Luftschicht zu versuchen; es wäre nur sinnvoll, die statistischen Felder der Turbulenz in der Atmosphäre und des Seegangs zu erfassen und ihre Wechselwirkung durch eine Übertragungsfunktion zu beschreiben. Damit schließt Hasselmann eine Parametrisierung des Seegangs nicht prinzipiell aus, man würde allerdings statt mehrerer lokaler Parameter ein raum-zeitliches Feld von Parametern benötigen, um den Seegang an einem Ort zu beschreiben.

Es ist m.E. nicht sicher, daß tatsächlich ein umfangreiches Feld von Parametern benötigt wird, da die Übertragungsfunktion zwischen den statistischen Feldern des Seegangs und der atmosphärischen Turbulenz bisher unbekannt ist. Nach den Beobachtungen (siehe 3.2.) ergeben im Mittel direkte Schubspannungsmessungen und Bestimmungen aus Profilmessungen bei neutralen Verhältnissen mit Hilfe des Prandtl'schen Ansatzes dieselben Werte bei einer verhältnismäßig geringen Streuung. Das deutet zumindest darauf hin, daß der nicht-lokale Charakter des Seegangs eine untergeordnete Rolle spielt. Man hätte sonst eine stärkere Streuung erwarten müssen.

Es ist übrigens bemerkenswert, daß das logarithmische Geschwindigkeitsprofil mit $k = 0{,}4$ die Schubspannung offenbar richtig wiedergibt bei einer völlig anderen Beschaffenheit der Grenzfläche auf dem Meer als im Laboratorium. Das führt zu dem Schluß, daß in den Höhen, in denen die Messungen üblicherweise ausgeführt werden, der Abstand von der Grenzfläche für die Strömung ausschlaggebend ist und nicht mehr der tatsächliche Mechanismus des Überganges.

Es ist naheliegend, zu versuchen, die Transportvorgänge in der gesamten maritimen Reibungsschicht durch Angabe des Austauschkoeffizienten $A = \rho K$ als Funktion der Höhe zu beschreiben: "K-Typ-Parametrisierung". Es sei hier an die von Hinze [1959, S. 289] gegebene Warnung erinnert, den intermittierenden Charakter der Strömung an der Grenze zwischen Mischungszone und ungestörter Strömung zu berücksichtigen. Hinze bezieht sich darauf, daß z.B. bei einem Freistrahl der "effektive Austauschkoeffizient" zum Rande hin abnimmt, weil Gebiete (oder Zeiten) miteinander abwechseln, in denen der Transport turbulent ist und somit nach der Austauschformel beschrieben werden kann, mit solchen, in denen diese Beschreibung nicht gilt. Für die Atmosphäre liegen die Verhältnisse etwas anders, da außerhalb der Reibungsschicht die

Turbulenz nicht verschwindet. Es treten jedoch Gebiete mit unterschiedlichen vertikalen Gradienten horizontal neben- oder zeitlich nacheinander auf. Der über größere Räume bzw. Zeiten gemittelte Transport kann schlecht durch die mittleren vertikalen Gradienten und einen effektiven Austauschkoeffizienten beschrieben werden. Dies gilt z.B. bei Konvektion. Es handelt sich hierbei um das bekannte Problem, daß bei einer Benutzung von mittleren Werten für den Austausch-Ansatz (2) die Korrelation zwischen dem Austauschkoeffizienten und dem vertikalen Gradienten berücksichtigt werden muß.

Ein ähnliches Problem tritt in der Vertikalen auf. Es ist u.a. im Zusammenhang mit Problemen der elektromagnetischen Wellenausbreitung über die "blättrige Struktur" der Atmosphäre diskutiert worden [siehe Brocks 1963 b]. Fein-Radiosonden-Aufstiege, direkte Messungen des Mikrowellen-Brechungsindex der Luft mit Refraktometern und indirekte Sondierungen lassen vertikale Inhomogenitäten der Atmosphäre erkennen. Es muß damit gerechnet werden, daß in dem stabil geschichteten Teil der maritimen Reibungsschicht Schichten mit wechselnden vertikalen Gradienten und damit auch wechselnder Intensität der Turbulenz liegen. Diese Schichten werden mit den normalen Radiosondenaufstiegen nur zum Teil und mit den numerischen Modellen voraussichtlich nicht direkt erfaßt. Es müßte also für die Berechnung der Transporte ein effektiver Austauschkoeffizient zusammen mit dem mittleren Gradienten benutzt werden, der diese Effekte mit beschreibt.

4.2. Parametrisierung der vertikalen Impuls- und Wärmeströme in der wassernahen Luftschicht

Die vorgelegten Beobachtungen zeigen, daß der vertikale Impulsstrom als Funktion der Windgeschwindigkeit mit Hilfe des Reibungskoeffizienten parametrisiert werden kann, wobei als derzeit bester Wert $\varkappa_{10} = 1,2 \cdot 10^{-3}$ benutzt werden sollte. Betrachtet man den Reibungskoeffizienten als unabhängig von der Windgeschwindigkeit, so kann bei neutraler Dichteschichtung mit einer Streuung von 16% gerechnet werden [aus Profilmessungen Brocks.1968]. Für nicht-neutrale Dichteschichtung ist die Streuung nur wenig größer. Sieht man die Streuung der nach der Kreuzkorrelationsmethode bestimmten Reibungskoeffizienten, die bei unterschiedlicher Dichteschichtung gewonnen wurden, als repräsentativ für die auf dem Meer zu erwartenden Streuungen an, so kann für "mäßige" Abweichung von neutraler Schichtung mit einer Streuung von 20% gerechnet werden. Diese Werte gelten für Windgeschwindigkeiten von etwa 2 bis 12 m/sec, die Unsicherheit könnte durch Einführung eines von der Windgeschwindigkeit abhängigen Reibungskoeffizienten und eventuell auch durch Berücksichtigung der Stabilität, z.B. mit Hilfe der Temperaturdifferenz Luft - Wasser als zusätzlichem Parameter, verringert werden.

Der vertikale Strom fühlbarer Wärme kann nach unseren Meßergebnissen einheitlich für positives und negatives $\Delta\Theta$ mit Hilfe des Ansatzes

$$H = -c_p \rho c_H \cdot \bar{u} \cdot \Delta\Theta = -1{,}71 \cdot \bar{u} \cdot \Delta\Theta$$

parametrisiert werden, das entspricht rund

$$c_H = 1 \cdot 10^{-3}$$

Es trat eine kleine systematische Verfälschung auf: H scheint bei $\bar{u}\,\Delta\Theta = 0$ um 2,9 mcal/cm^{2}min zu hoch zu sein. Die Streuung um die Regressionsgerade von H auf $\bar{u}\,\Delta\Theta$ ("erklärte Varianz") betrug 5,3 mcal/cm^{2}min, das ist die Unsicherheit, mit der man bei einer Parametrisierung von H durch $\bar{u}\,\Delta\Theta$ rechnen muß.

Solange für den vertikalen Wasserdampfstrom keine direkten Messungen vorliegen, erscheint es sinnvoll, den entsprechenden Ansatz

$$E = c_E \rho \bar{u} \Delta q$$

mit

$$c_E = c_H = 1 \cdot 10^{-3}$$

zu benutzen.

Diese Parametrisierungen gelten nur so lange, wie die Turbulenz in der wassernahen Luftschicht nicht durch starke Stabilität zu sehr gedämpft wird. Solche Schichtungen treten über Binnenmeeren und einigen küstennahen Gebieten mit kaltem Wasser auf, sie dürften jedoch prozentual nicht sehr ins Gewicht fallen. Ihre Bedeutung für die Vorhersage der Zirkulation ist möglicherweise noch geringer, da stabile Schichtung mit geringer Windgeschwindigkeit hauptsächlich in Hochdruckgebieten auftreten wird.

Andererseits sind für höhere Windgeschwindigkeiten die Reibungskoeffizienten unsicherer, gleichzeitig wachsen auch die Unsicherheiten bei der Bestimmung der Windgeschwindigkeiten, so daß die Berechnung der Transporte in den Sturmgebieten nur angenähert erfolgen kann.

4.3. Zur Gewinnung der Parameter

Für die praktische Verwendbarkeit wird es zumindest in einem Übergangsstadium ausschlaggebend sein, welche Parameter zur Verfügung stehen, nicht so sehr, welche aus physikalischen Überlegungen vorzuziehen sind. Insofern scheint es wesentlich, daß die Schubspannung als Funktion der Windgeschwindigkeit unter Verzicht auf andere Parameter mit einiger Zuverlässigkeit bestimmt werden kann. Die Windgeschwindigkeit (u) kann ihrerseits mit geringerer Genauigkeit auf den geostrophischen (d.h. reibungsfrei berechneten) Bodenwind (u_g) zurückgeführt werden.

Ein mittlerer Zusammenhang $\bar{u}/\bar{u}_g$ in Abhängigkeit von der geographischen Breite wurde aus einer klimatologischen Bearbeitung von Schiffsmeldungen durch Gordon [1952] abgeleitet, leider ohne ein Maß für die Streuungen. Die Unsicherheit wird vermutlich ganz erheblich sein, da der Einfluß der Schichtung nicht berücksichtigt wurde. Der Gang des Verhältnisses $\bar{u}/\bar{u}_g$ und des Abweichungswinkels mit der Breite nach Gordon [1952, siehe auch Roll 1965 Fig. 69 S. 214] dürfte ein Ausdruck des Zusammenspiels der verschiedenen systematischen Einflüsse sein; Lettau [1957] führt ihn auf den Einfluß der Stabilität zurück. Frankenberger [1952] und Lettau [1957, s.a. Lettau and Davidson 1957] hatten in der bodennahen Luftschicht über Land gefunden, daß das Verhältnis u/u_g von der Stabilität der Dichteschichtung abhängt. Dieser Einfluß ist bei Messung in größerer Höhe (70 m) nur noch schwach [Frankenberger 1952].

Über See wurden 1959 Profilmessungen bei Helgoland gleichzeitig mit präzisen Luftdruckmessungen auf Helgoland, Sylt, Norderney und in Cuxhaven vorgenommen. Diese Messungen ergaben für die Abhängigkeit des Verhältnisses u/u_g von der Stabilität kein eindeutiges Bild; offenbar weil auch kleinräumige Vorgänge im Küstenbereich eine Rolle spielten [Brocks und Hasse, unveröffentlichtes Manuskript 1961]. Man kann aber bereits feststellen, daß in 1o m Höhe der Einfluß der Dichteschichtung noch merklich ist und daß generell bei labiler Schichtung u/u_g größer ist als bei stabiler Schichtung. Das Verhältnis $\overline{u_{10}/u_g}$ (Mittelwerte, gruppiert nach der Stabilität) variiert bei Lettau (über Land) zwischen o,5 und o,75; bei den Nordseemessungen zwischen o,65 und 1,o. Nach Daten von Charnock, Francis und Sheppard [1957] erhält man als Mittel der Tagesmittel im Passat u/u_g = o,79 ± o,38, während Charnock u.a. durch getrennte Mittelung von u und u_g über die ganze Periode von 15 Meßtagen $\bar{u}/\bar{u}_g$ = o,6o erhalten.

Ein großer Teil der insgesamt sichtbaren Unsicherheit dürfte auf die Schwierigkeiten zurückzuführen sein, die bei der Bestimmung des geostrophischen Windes auftraten. Sollte es notwendig werden, für die Parametrisierung der Schubspannung auf das Verhältnis u/u_g zurückzugreifen, so wird sich eine genauere Untersuchung der Zusammenhänge unter Berücksichtigung der Stabilität und des thermischen Windes nicht vermeiden lassen. Das gilt insbesondere dann, wenn statt des geostrophischen Windes am Boden der geostrophische Wind etwa an der Obergrenze der Reibungsschicht benutzt werden soll.

Vermutlich angeregt durch die Arbeit Lettaus [1957] ist verschiedentlich versucht worden, die Schubspannung als Funktion des geostrophischen Windes und des Rauhigkeitsparameters z_0 auszudrücken, wobei man die im ähnlichen Zusammenhang von Rossby and Montgomery [1937] eingeführte dimensionslose Zahl $V_{go}/\ell z_0$ (Oberflächen-Rossby-Zahl) benutzt. Abgesehen davon, daß dabei der Einfluß von Stabilität und thermischem Wind nicht berücksichtigt wird, scheint die Verwendung von z_0 als Parameter für die Verhältnisse auf See nicht angebracht zu sein, da z_0 ebenso wie die Schubspannung als unbekannt angesehen werden muß.

Die Rückführung der Temperaturdifferenz Luft - Wasser auf andere Größen erscheint schwieriger. Die Verwendung klimatologischer Mittelwerte der Wassertemperatur [siehe GARP-Report App. VIII S. 9] anstelle der aktuellen Werte ist für die parametrische Bestimmung des Wärmestromes und der Verdunstung sicher nicht ausreichend, da Einzelwerte und selbst Monatsmittel eine Abweichung von 1° und mehr vom klimatologischen Mittel zeigen [Bullig und Bintig 1954, Pflugbeil und Steinborn 1963], im wesentlichen infolge der Unterschiede von Jahr zu Jahr [Kraus und Morrison 1966]. Da die Wassertemperatur vom Flugzeug aus auf etwa o,2 C genau gemessen werden kann [Saunders 1967 b], scheint eine Messung auch auf dem Ozean durchaus praktikabel.

Die Lufttemperatur in etwa lo m Höhe über Wasser müßte aus der Wassertemperatur, der potentiellen Temperatur der Luftmasse in den untersten looo m (gemessen z.B. durch die Ozean-Wetterschiffe) und dem Wärmestrom berechnet werden, wobei die Rechnung an Hand der Meldungen der Wetterschiffe korrigiert werden kann. Für diese Zwecke wäre ein weiterer Ausbau der Profil-Koeffizient-Konzeption (3) wünschenswert.

Ganz Analoges gilt für die parametrische Berechnung der Verdunstung.

Danksagung

Die Deutsche Forschungsgemeinschaft hat im Rahmen des Schwerpunktprogrammes Meeresforschung die "Untersuchungen des vertikalen Impuls- und Wärmestromes auf See" seit 1960 durch Bereitstellung von Mitteln für Personal und Geräte, z.B. für die Fluktuations-Meßanlage und die servostabilisierte Meßboje, unterstützt.

Die Untersuchungen wurden im Rahmen der Arbeiten des Instituts für Radiometeorologie und Maritime Meteorologie an der Universität Hamburg, Institut der Fraunhofer-Gesellschaft, durch das Bundesministerium der Verteidigung finanziell gefördert, insbesondere auf dem Gebiet der Datenspeicherung und -Verarbeitung.

Das Institut für Meereskunde der Universität Kiel stellte dankenswerterweise sein Schiff "Hermann Wattenberg" bzw. "Alkor" zur Verfügung.

Den Firmen Schiffswerft E.H. Arp, Laboe, und AEG-Schiffbau, Hamburg, danke ich für gute Zusammenarbeit auf dem Sektor der Bojentechnik, sowie der Firma Atlas-Elektronik, Bremen, für die Hilfe bei der Datenverarbeitung der Messungen 1965.

Ich danke meinen Mitarbeitern und Kollegen, besonders Herrn Dipl.-Phys. M. Dunckel, Herrn Dipl.-Met. D. Schriever und Herrn Dipl.-Met. J. Wucknitz für begeisterte und aufopferungsfreudige Mitarbeit, ebenso danke ich den an den Meßreisen und Auswertungen beteiligten Studenten und Mitarbeitern des Instituts.

Mein besonderer Dank gilt Herrn Professor Dr. K. Brocks für die Hinlenkung zur Arbeit auf diesem Gebiet und für sein Interesse und die wohlwollende Förderung der gesamten Untersuchungen während mehrerer Jahre.

LITERATURVERZEICHNIS

ALKSEEV, V.G. and A.M. YAGLOM, 1967: Examples of comparison of unidimensional and three-dimensional velocity and temperature spectra
Izv. Atmos. Oceanic Phys. 3, 524-527

BATCHELOR, G.K., 1953: The condiiions for dynamical similarity of motions of a frictionless perfect-gas atmosphere
Qu. J. R. Met. Soc. 79 224-235

BLACKMAN, R.B. and J.W. TUKEY, 1958: The measurement of power spectra
Dover, New York, 1959 19o S.

BROCKS, K., 1948: Über den täglichen und jährlichen Gang der Höhenabhängigkeit der Temperatur in den unteren 3oo Metern der Atmosphäre und ihren Zusammenhang mit der Konvektion
Ber. Dt. Wetterdienst US-Zone 5

BROCKS, K., 1955: Wasserdampfschichtung über dem Meer und die "Rauhigkeit" der Meeresoberfläche
Arch. Met. Geophys. Biokl. A 8 354-388

BROCKS, K., 1959: Ein neues Gerät für störungsfreie meteorologische Messungen auf dem Meer
Arch. Met. Geophys. Biokl. A 11 227-239

BROCKS, K., 1963 a: Probleme der maritimen Grenzschicht der Atmosphäre
Ber. Dt. Wetterdienst 91 34-46

BROCKS, K., 1963 b: Models of the troposphere derived from direct measurements of the atmospheric refractive index
Inst. Radiomet. u. Maritime Met., Hamburg, Bericht 7 25-41

BROCKS, K., 1969: Windprofile auf See bei neutraler Schichtung
Arch. Met. Geophys. Biokl. A (in Vorbereitung)

BROCKS, K. und L. HASSE, 1961: Ergebnisse von Messungen der vertikalen Schichtung der Windgeschwindigkeit, Lufttemperatur und Luftfeuchtigkeit über der Nordsee im August 1959
Unveröffentlichter Arbeitsbericht
Geophysikalisches Institut der Univ. Hamburg

BROCKS, K. und L. HASSE, 1963: Fluctuation measurements at sea with a gyroscopic stabilized floating mast (abstract)
Proc. IUGG. XII Gen. Assembly Berkeley, Publ. IAMAP 13 117

BROCKS, K. und L. HASSE, 1969: Meteorologische Messungen auf See mit neigungsstabilisierten Bojen
Z. Geophys. (in Vorbereitung)

BULLIG, H.J. und P. BINTING, 1954: Temperatur des Oberflächenwassers und Temperaturdifferenz Luft - Wasser
Teil 1 von E. Kuhlbrodt u.a. "Klimatologie der Nordwesteuropäischen Gewässer"
Dt. Wetterd., Seewetteramt, Einzelveröff. 4

BUNKER, A.F., 1955: Turbulence and shearing stress measured over the North Atlantic by an airplane-acceleration technique
J. Met. 12 445-455

BUNKER, A.F., 1960: Heat and water vapor fluxes in air flowing southward over the western North Atlantic
J. Met. 17 52-63

BUSCH, N.E. and H.A. PANOFSKY, 1968: Recent spectra of atmospheric turbulence
Qu. J. R. Met. Soc. 94 132-148

BUSINGER, J.A. and M. MIYAKE, 1968: Justification for neglecting the third moment in the steady state expression for the turbulent heatflux near the ground
Qu. J. R. Met. Soc. 94 206-207

CALDER, K.L., 1939: A note on the constancy of horizontal turbulent shearing stress in the lower layers of the atmosphere
Qu. J. R. Met. Soc. 65 537-541

CALDER, K. L., 1966: Concerning the similarity theory of A. S. Monin and A. M. Obukhov for the turbulent structure of the thermally stratified surface layer of the atmosphere
Qu. J. R. Met. Soc. 92 141-146

CHARNOCK, H., J. R. D. FRANCIS and P. A. SHEPPARD, 1957: An investigation of wind structure in the trades: Anegada 1953
Phil. Tr. R. Soc. 249 179-234

CRAIG, R., 1949: Vertical eddy transfer of heat and water vapor in stable air
J. Meteor. 6 123-133

DEACON, E. L., 1959: The measurement of turbulent transfer in the lower atmosphere
Advances in Geophysics. 6 Academic Press, New York, 211-228

DEACON, E. L., 1962a: Aerodynamic roughness of the sea
J. Geophys. Res. 67 3167-3172

DEACON, E. L., 1962b: The drag of the wind on the sea
Mitteil. Inst. Meereskunde Hamburg 1. 385-397

DEACON, E. L. and E. K. WEBB, 1962: Interchange of properties between sea and air; small scale interactions
In: Hill (ed.): The sea. New York, London 43-87

DEARDORFF, J. W., 1966: The counter gradient heat flux in the lower atmosphere and in the laboratory
J. Atmos. Sci. 23 5o3-5o6

DEARDORFF, J. W., 1967: Empirical dependence of the eddy coefficient for heat upon stability above the lowest 5o m
J. Appl. Met. 6 631-643

DUNCKEL, M., 1969: Untersuchung der atmosphärischen Turbulenz-struktur über See
Dissertation Met. Inst. Univ. Hamburg (in Vorbereitung)

ERTEL, H., 1933: Beweis der Wilh. Schmidt'schen konjugierten Potenzformeln für Austausch und Windgeschwindigkeit in den bodennahen Luftschichten
Meteorol. Z. 5o 386-388

FENGLER, G., 1966: Die Homogenität des meteorologischen Feldes über See
Dt. Hydrogr. Z. 19 97-112

FINDLATER, J., T.N.S. HARROWER, G.A. HOWKINS and H.L. WRIGHT, 1966: Surface and 9oo mb wind relationship
Met. Office, Sci. pap. 23 41 S.

FLEAGLE, R.G., F.I. BADGLEY and Y. HSUEH, 1967: Calculation of turbulent fluxes by integral methods
J. Atmos. Sci. 24 356-373

FRANKENBERGER, E.F.H., 1952: Investigations of the vertical exchange within the lowest decameters at Quickborn
Geophys. Res. Papers 19 323-343

GARP-Report, 1967: Report of the Study Conference on the Global Atmospheric Research Programme (GARP)
ICSU/IUGG, Com. Atmos. Sci. and COSPAR; WMO

GIFFORD, R., 1959: The interpretation of meteorological spectra and correlations
J. Meteor. 16 344-346

GORDON, A.H., 1952: The relation between the mean vector surface wind and the mean vector pressure gradient over the oceans
Geofisica Pura e Applicata 21 49-51

HALSTEAD, M.H., 1943: A stability-term in the wind-gradient equation
Trans. Amer. Geophys. Union 24 2o4-2o8

HANSEN, W., 1962: Hydrodynamical methods applied to oceanographic problems
Mitteil. Inst. Meereskunde Hamburg 1 25-34

HASSE, L., 1963: On the cooling of the sea surface by evaporation and heat exchange
Tellus 15 363-366

HASSE, L., K. BROCKS, M. DUNCKEL and U. GÖRNER, 1966: Eddy flux measurements at sea
Beitr. Phys. Atmos. 39 254-257

HASSELMANN, K., 1967: Nonlinear interactions treated by the method of theoretical physics (with application to the generation of waves by wind)
Proc. Roy. Soc. A 299 77-1oo

HELLERMANN, S., 1967: An updated estimate of the wind stress on the world ocean
Monthly Weather Rev. 95 6o7-626

HESS, G.D. and H.A. PANOFSKY, 1966: The budget of turbulent energy near the ground
Qu. J. R. Met. Soc. 92 277-28o

HINZE, J.O., 1959: Turbulence
McGraw-Hill, New York, Toronto, London, 586 S.

HINZPETER, H. und P. LOBEMEIER, 1968: Das Temperaturprofil in den ersten Zentimetern über der Wasseroberfläche
Ann. Met. Neue Folge (in Vorbereitung)
S.a.: Vortragszusammenfassungen Meteorologen-Geophysiker-Tagung Hamburg 1968, S. 1

HOEBER, H., 1966: Tagesgänge der Luft- und Wassertemperatur im äquatorialen Atlantik
Naturwiss. 53 474-475

HOEBER, H., 1968: Einige Ergebnisse von Windprofilmessungen über See bei stabiler Schichtung
Tellus 2o 495-5o1

HOFMANN, G., 196o a: Wärmestrom, Massenstrom und Volumstrom
Arch. Met. Geophys. Biokl. A 11 465-473

HOFMANN, G., 196ob: Wärmehaushalt und Advektion
Arch. Met. Geophys. Biokl. A 11 474-5o2

HOLLMANN, G., 196o: Der mikroturbulente Vertikalaustausch von Masse und Wärme, ein Beitrag zur Lösung des Wärmeaustausch-Paradoxons von W. Schmidt
Beitr. Phys. Atmos. 32 161-194

HOLLMANN, G., 1963: Der mikroturbulente Vertikalaustausch von Masse und Wärme mit Berücksichtigung äußerer Wärmezufuhr
Beitr. Phys. Atmos. 36 9-2o

IVANOV, V.N., 1964: Turbulent energy and its dissipation in the lower atmospheric layer
Bull. (Izvest) Geophys. Series, 1964, Engl. ed. 852-856

JESKE, H., 1965: Die Ausbreitung elektromagnetischer Wellen im cm- bis m-Band über dem Meer unter besonderer Berücksichtigung der meteorologischen Bedingungen in der maritimen Grenzschicht
Hamb. Geophys. Einzelschr. 6

KITAIGORODSKII, S.A. and Yu.A. VOLKOV, 1965: On the roughness parameter of the sea surface and the calculation of momentum flux in the near-water layer of the atmosphere
Izv. Atmos. Oceanic Phys. Engl. ed. 1 566-574

KOHLSCHE, K., 1964: Ein Beitrag zur Theorie des vertikalen Wärme- und Massenstromes
Beitr. Phys. Atmos. 37 224-251

KOLESNIKOVA, V.N. and A.S. MONIN, 1965: Spectra of meteorological field fluctuations
Izv. Atmos. Oceanic Phys. 1 377-386

KOLMOGOROV, A.N., 1962: A refinement of previous hypotheses concerning the local structure of turbulence in a viscous incompressible fluid at high Reynolds number
J. Fluid Mech. 13 82-85

KRAUS, E.B., 1966: The aerodynamic roughness of the sea surface
J. Atmos. Sci. 23 443-445

KRAUS, E.B. and R.E. MORRISON, 1966: Local interactions between the sea and the air at monthly and annual time-scales
Qu. J. R. Met. Soc. 92 114-127

LETTAU, H.H., 1957: Wind profile, surface stress and geostrophic drag coefficients in the atmospheric surface layer
Advances in Geophysics 6, Academic Press, New York, 241-257

LETTAU, H.H., 1958: Windprofil, innere Reibung und Energieumsatz in den untersten 5oo m über dem Meer
Beitr. Phys. Atmos. 3o 78-96

LETTAU, H.H. and B. DAVIDSON, 1957: Exploring the atmosphere's first mile
Pergamon, London, New York, Paris, vol. I 376 S.
vol. II 578 S.

LETTAU, H.H. und H. HOEBER, 1964: Über die Bestimmung der Höhenverteilung von Schubspannung und Austauschkoeffizient in der atmosphärischen Reibungsschicht
Beitr. Phys. Atmos. 37 1o5-118

LUMLEY, J.L. and H.A. PANOFSKY, 1964: The structure of atmospheric turbulence
Interscience, New York, 239 S.

MAC CREADY, P.B., 1962a: Turbulence measurement by sailplane
J. Geophys. Res. 67 1o41-1o5o

MAC CREADY, P.B., 1962b: The inertial subrange of atmospheric turbulence
J. Geophys. Res. 67 1o51-1o54

MONIN, A.S. und A.M. OBUCHOW, 1954: Fundamentale Gesetzmäßigkeiten der turbulenten Vermischung in der bodennahen Schicht der Atmosphäre (russisch)
Übers. in H. Goering (Hrsg.) Sammelband zur statistischen Theorie der Turbulenz, Berlin 1958, 199-226

MONTGOMERY, R.B., 194o: Observations of vertical humidity distribution above the ocean surface and their relation to evaporation Pap. Phys. Ocean. Meteor. 7 No. 4, 33 S.

MORDUKHOVICH, M.I. and L.R. TSVANG, 1966: Direct measurement of turbulent flows at two heights in the atmospheric ground layer Izv. Atmos. Oceanic Phys. 2, Engl. ed. 477-486

NEUMANN, J., 1962: On an effect of the integral scale of turbulence on one-dimensional spectra Arch. Met. Geophys. Biokl. A 12 389-395

OBUKHOV, A.M., 1962: Some specific features of atmospheric turbulence J. Fluid Mech. 13 77-81

OBUKHOV, A.M. and A.M. YAGLOM, 1967: Progress in atmospheric turbulence investigations Izv. Atmos. Oceanic Phys. 3 Engl. ed. 2o7-211

PANOFSKY, H.A. and F. PASQUILL, 1963: The constant of the Kolmogorov law Qu. J. R. Met. Soc. 89 55o-551

PASQUILL, F., 1949: Eddy diffusion of water vapor and heat near the ground Proc. Roy. Soc. 198 116-14o

PFLUGBEIL, C. und E. STEINBORN, 1963: Zur Klimatologie des Nordatlantischen Ozeans Dt. Wetterd. Seewetteramt, Einzelveröff. 38, Teil I Text 72 S., 39 Teil II Tabellen 114 S., 4o Teil III Abbildungen 8o S.

POND, S., R.W. STEWART and R.W. BURLING, 1963: Turbulence spectra in the wind over waves J. Atmos. Sci. 2o 319-324

POND, S., S.D. SMITH, P.F. HAMBLIN and R.W. BURLING, 1966: Spectra of velocity and temperature fluctuations in the atmospheric boundary layer over the sea
J. Atmos. Sci. 23 376-386

PRANDTL, L., 1932: Meteorologische Anwendung der Strömungslehre
Beitr. Phys. fr. Atmos. 19 188-2o2

PRIESTLEY, C.H.B., 1951: A survey of the stress between ocean and atmosphere
Austr. J. Sci. Res. A 4 315-328

PRIESTLEY, C.H.B., 1959a: Estimation of surface stress and heat flux from profile data
Qu. J. R. Met. Soc. 85 415-418

PRIESTLEY, C.H.B., 1959b: Turbulent transfer in the lower atmosphere
Chicago Univ. Press, Chicago 13o S.

ROBINSON, G.D., 1966: Another look at some problems of the air-sea interface
Qu. J. R. Met. Soc. 92 451-465

ROLL, H.U., 1965: Physics of the marine atmosphere
Academic Press, New York, London, 426 S.

ROSSBY, C.G. and R.B. MONTGOMERY, 1935: The layer of frictional influence in wind and ocean currents
Pap. Phys. Oceanogr. Meteor. 3 No. 3, 1-1o1

SAUNDERS, P.M., 1967a: The temperature at the Ocean-Air interface
J. Atmos. Sci. 24 269-273

SAUNDERS, P.M., 1967b: Aerial measurement of the sea surface temperature in the infrared
J. Geophys. Res. 72 41o9-4117

SCHLICHTING, H., 1965: Grenzschicht-Theorie
5. Aufl. Braun, Karlsruhe 736 S.

SCHMITZ, H.P., 1961: Kritische Betrachtungen zu gebräuchlichen Methoden der Ermittlung des Windschubs auf dem Meer Dt. Hydrogr. Z. 14 169-193

SCHRIEVER, D., 1966: Zur Berechnung der Schubspannung aus der vertikalen Windverteilung Naturwissenschaften 53 4o4

SMITH, S.D., 1967: Thrust-anemometer measurements of windvelocity spectra and of Reynolds stress over a coastal inlet J. Marine Res. 25 239-262

STEWART, R.W., 1961: The wave drag of wind over water J. Fluid. Mech. 1o 189-194

SVANSSON, A., 1968: Determination of the wind stress coefficient by water level computations. II Meddelande Havsfiskelaboratoriet, Lysekil, 43

TAYLOR, R.J., 1952: The dissipation of kinetic energy in the lowest layers of the atmosphere Qu. J. R. Met. Soc. 78 179-185

TAYLOR, R.J., 1955: Some observations of wind velocity auto-correlations in the lowest layers of the atmosphere Austr. J. Phys. 8 535-544

TAYLOR, R.J., 1961: A new approach to the measurement of turbulent fluxes in the lower atmosphere J. Fluid. Mech. 1o 449-458

VAN DER HOVEN, I., 1957: Power spectrum of the horizontal wind speed in the frequency range from o.ooo7 to 9oo cycles per hour J. Met. 14 16o-164

WEBB, E.K., 1965: Aerial microclimate Meteorol. monographs 6 27-58

WEILER, H.S. and R.W. BURLING, 1967: Direct measurements of stress and spectra of turbulence in the boundary layer over the sea J. Atmos. Sci. 24 653-664

WUCKNITZ, J., 1967: Schwankungen des Horizontalwindes in der wassernahen Luftschicht
Diplomarbeit Meteorol. Inst. Univ. Hamburg 1967

ZILITINKEVICH, S.S., D.L. LAIKHTMAN and A.S. MONIN, 1967: Dynamics of the atmospheric boundary layer
Izv. Atmos. Oceanic Phys. 3 Engl. ed. 17o-191

ZUBKOVSKII, S.L. and T.K. KRAVCHENKO, 1967: Direct measurements of some characteristics of atmospheric turbulence in the near-water layer
Izv. Atmos. Oceanic Phys. 3 Engl. ed. 73-77

ZUBKOVSKII, S.L. and D.F. TIMANOVSKII, 1965: An experimental study of the turbulent regime in the near-water air layer
Izv. Atmos. Oceanic Phys. 1 Engl. ed. 587-59o

In der hier vorliegenden Reihe "Hamburger Geophysikalische Einzelschriften" (bis einschließlich Heft 3 "Geophysikalische Einzelschriften") sind bisher erschienen:

Heft 1 Raethjen, P.
Kurzer Abriß der Meteorologie - dynamisch gesehen,
Wärmehaushalt der Atmosphäre, Hamburg 1950

Heft 2 Raethjen, P.
Frontalzyklogenesis, Hamburg 1954

Heft 3 Raethjen, P.
Kurzer Abriß der Meteorologie - dynamisch gesehen,
Zirkulationen der Atmosphäre, Hamburg 1954

Heft 4 Zur Dynamik des jet stream, Hamburg 1961, in zwei Abhandlungen:

Raethjen, P.
Gleichgewichtsstörungen im nichtstationären jet stream
Disturbance of balance of the nonsteady jet stream

Höflich, O.
Konvektionsfronten und Druckfeldänderungen im jet stream
Convection fronts and development of pressure pattern in the jet stream

Heft 5 Strobach, K.
Ein Beitrag zum Problem der Entstehung und der Wellennatur der mikroseismischen Bodenunruhe, Hamburg 1962

Heft 6 Jeske, H.
Die Ausbreitung elektromagnetischer Wellen im cm- bis m-Band über dem Meer unter besonderer Berücksichtigung der meteorologischen Bedingungen in der maritimen Grenzschicht, Hamburg 1965

Heft 7 Höflich, O.
Biometeorologische Untersuchungen von Phantomschmerzen, Hamburg 1966

Heft 8 Raethjen, P., K. Knolle, M. Dunst und G. Fischer
Experimentelle und theoretische Untersuchungen über die atmosphärischen Zirkulationen, den jet stream und die zyklonalen Störungen
Experimental and theoretical research on the atmospheric circulations the jet stream and the cyclonic disturbances,
Hamburg 1967

Heft 9 Duensing, G.
Die Mesostruktur des Windfeldes an der Grenze zwischen Troposphäre und Stratosphäre
Mesostructure of the Wind Field at the Boundary between Troposphere and Stratosphere,
Hamburg 1967

Heft lo Gutdeutsch, R.
Rayleighwellen am Keil mit freien Grenzflächen
Rayleighwaves on wedges with free-free boundaries,
Hamburg 1968

In der Reihe "Berichte des Instituts für Radiometeorologie und Maritime Meteorologie an der Universität Hamburg, Institut der Fraunhofer-Gesellschaft" (Direktor: Prof. Dr. K. Brocks) sind bisher erschienen:

Bericht Nr. 1 Brocks, K.
Meteorologische Untersuchungen der elektromagnetischen Wellenausbreitung im Cm- bis M-Band vor der deutschen Nordseeküste, Hamburg 1958

Bericht Nr. 2 Brocks, K.
Feldstärkeregistrierungen auf Richtfunkstrecken im Cm- bis M-Band über der Nordsee und ihre Beziehungen zu meteorologischen Vorgängen, Hamburg 1959

Bericht Nr. 3 Brocks, K.
Richtfunkstrecken über See - Feldstärkewerte, Hamburg 196o

Bericht Nr. 4 — Brocks, K. und H. Jeske
Analyse gleichzeitiger Feldstärkeregistrierungen über der Nordsee auf den Frequenzen 7; 2; o,6; o,2 und o,16 GHz, Hamburg 1961

Bericht Nr. 5 — Brocks, K., H. Cassebaum und H. Jeske
Richtfunkstrecken über See - Feldstärkewerte, Teil II, Hamburg 1962

Bericht Nr. 6 — Brocks, K., H. Cassebaum, G. Fengler und H. Jeske
Meteorologische Beobachtungen in der Helgoländer Bucht 1956-1961, Hamburg 1963

Bericht Nr. 7 — Brocks, K., G. Fengler und H. Jeske
Radiometeorological Papers
Radiometeorologische Vorträge, Hamburg 1963

Bericht Nr. 8 — Fengler, G.
Untersuchungen der elektromagnetischen Wellenausbreitung im 5oo MHz-Bereich über Land unter besonderer Berücksichtigung der meteorologischen Bedingungen, Hamburg 1964

Bericht Nr. 9 — Fengler, G., H. Jeske und G. Stilke
Radiometeorological Papers II
Radiometeorologische Vorträge, Teil II, Hamburg 1964

Bericht Nr. lo — Seehars, H.-D.
Fadinguntersuchungen im Zentimeter- bis Meter-Band auf Richtfunkstrecken über See, Hamburg 1966

Bericht Nr. 11 — Kruspe, G.
Untersuchung von Brechungswertschichtungen über See mit einem im Flugzeug installierten Mikrowellenrefraktometer unter besonderer Berücksichtigung meteorologischer Aspekte.
Research on refractive index structures over sea by airborne refractometer measurements with special regard to meteorological aspects. Hamburg 1966

Bericht Nr. 12 Müller, H.
Messungen der Brechungsindex- und Temperaturschichtung im Bereich von Richtfunkstrecken - Ergebnisse von Flugzeugaufstiegen über der Deutschen Bucht.
Aircraft measurements of refractive index and temperature in the range of radio transhorizon links over sea.
Hamburg 1967

Bericht Nr. 13 Früchtenicht, H.W.
Tagesgang und Gezeitenabhängigkeit der Empfangsfeldstärke auf Richtfunkstrecken in der Deutschen Bucht.
Diurnal variation and tidal dependence of the received field strength on radio links in the German Bight.
Hamburg 1968

Von den "Technischen Mitteilungen aus dem Institut für Radiometeorologie und Maritime Meteorologie an der Universität Hamburg und dem Meteorologischen Institut der Universität Hamburg" liegen bisher vor:

Nr. 1 Kruspe, G.
Der atmosphärische Brechungsindex und seine Messung mit Mikrowellen-Refraktometern, Hamburg 1965

Nr. 2 Seehars, H.-D.
Die Wellenausbreitung im m- bis cm-Bereich unter besonderer Berücksichtigung troposphärischer Streuprozesse, Hamburg 1966

Walter, H. und W. Gieraths
Über den Aufbau einer Phasenmeßanlage für 9,4 GHz, Hamburg 1966

Nr. 3 Becker, K.-D.
Die Ausbreitung elektromagnetischer Wellen über kugelförmiger Erde in homogener und inhomogener Atmosphäre, Hamburg 1967

Nr. 4 Müller, H.
Über Schwerewellen in der unteren Troposphäre,
Hamburg 1969

Die "Berichte" und "Technischen Mitteilungen" können beim Institut für Radiometeorologie und Maritime Meteorologie an der Universität Hamburg, z. Zt. 2000 Hamburg 13, Binderstr. 22, angefordert werden.

In der vom Institut für Meereskunde der Universität Hamburg (Direktor: Prof. Dr. W. Hansen) herausgegebenen Veröffentlichungsreihe "Mitteilungen des Instituts für Meereskunde der Universität Hamburg" sind bisher erschienen:

Nr. I Proceedings of the Symposium on Mathematical Hydrodynamical Methods of Physical Oceanography, September 1961. Hamburg 1962

Nr. II Technical Report of the Subcommitee on Oceanographic Research. Current Measurements in the Faeroe-Shetland Channel 1961. Tables. Hamburg, März 1964

Nr. III Friedrich, H.
Numerische Berechnungen der allgemeinen Zirkulation im Meere nach einem Differenzenverfahren, vornehmlich für den Atlantischen Ozean. Hamburg, April 1966

Nr. IV Sündermann, J.
Ein Vergleich zwischen der analytischen und der numerischen Berechnung winderzeugter Strömungen und Wasserstände in einem Modellmeer mit Anwendungen auf die Nordsee. Hamburg 1966

Nr. V Hansen, W.
Die Reproduktion der Bewegungsvorgänge im Meere mit Hilfe hydrodynamisch-numerischer Verfahren.
Hamburg, Dezember 1966

Nr. VI Hansen, W.
Preliminary scheme of deep sea, tidal measurements based on tidal theory. Hamburg, Dezember 1966

Nr. VII Brettschneider, G.
Anwendung des hydrodynamisch-numerischen Verfahrens zur Ermittlung der M_2-Mitschwingungsgezeit der Nordsee. Hamburg, Januar 1967

Nr. VIII Brettschneider, G.
Modelluntersuchungen der Gezeiten der Nordsee unter Anwendung des hydrodynamisch-numerischen Verfahrens. Hamburg, Juni 1967

Nr. IX Trepka, L. von
Anwendung des hydrodynamisch-numerischen Verfahrens zur Ermittlung des Schelfeinflusses auf die Gezeiten in Modellkanälen und Modellozeanen.
Hamburg, Juni 1967

Nr. X Proceedings of the Symposium on Mathematical-Hydrodynamical Investigations of Physical Processes in the Sea. Moskau, Mai 1966. Hamburg, Februar 1968

Nr. XI Wasserstände und Wind südlich der Insel Laesol im Kattegat, Hamburg Juli 1968

Kolibri 360 GmbH
Ferdinand-Jühlke-Straße 7
99095 Erfurt, Deutschland
produktsicherheit@kolibri360.de